図解入門
How-nual
Visual Guide Book

よくわかる**最新**

電子部品の基本と仕組み

役割、特性、種類の違いまで全てを網羅

エンジャー 著

秀和システム

はじめに

　現代生活は多くの電子機器によって支えられています。そしてこれらの電子機器に欠かせないのが電子部品です。電子部品は電子機器内部に搭載されているため目にする機会は少ないかもしれませんが、われわれの社会生活に多大なる影響を与えています。

　本書は電子部品の入門書として、さまざまな電子部品の基礎や原理について取り扱っています。第0章では電子部品の役割を理解するうえで必要となる電気回路の基礎知識を説明しています。第1～3章では電子部品のなかでも使用頻度の高い抵抗・コンデンサ・コイルについて解説しています。本格的な専門書のように数式で事象を説明するのではなく、平易な図をもとにして解説しているので、初学者の方でもつまずくことなく要点が理解できるはずです。第4～8章ではダイオード、トランジスタ、マイコン、センサといった半導体部品を取り扱っています。これら半導体部品の特徴や用途を理解することで、電子機器の具体的な構成がイメージできるようになります。第9～11章ではスイッチ、モータ、回路基板などの機構部品について解説しています。機構部品の電気的、機械的な特性の違いを知ることで、各アプリケーションに適した種類が選べるようになります。第12章では安全・ノイズ対策部品を取り扱っています。これらはおもに法令適合のために使用される部品で、電子機器開発の実務で重要になります。

　本書は電子機器開発に携わる若手エンジニアに向けて、実務で役立つ知識を解説しています。また電気・電子回路を学ぶ学生の参考書としても有用です。特に電子部品の種類や選び方は教科書に載っていないので、回路設計や実験の場面で役立てられます。そのほかにも図をもとにイメージできるため、電子部品の知識を必要とするビジネスマンにも最適です。

　本書が電子部品への興味をもつきっかけとなり、さらには電子機器開発に携わる方の一助になれば幸いです。

2024年1月　エンジャー

よくわかる
最新**電子部品**の基本と仕組み

CONTENTS

第2章 コンデンサの基本

第3章 コイル・トランスの基本

第4章 ダイオードの基本

第5章 トランジスタの基本

第6章 マイコンの基本

第7章 センサの基本

第8章 そのほかの半導体部品の基本

第9章 スイッチ・リレーの基本

第10章 モータの基本

第 **0** 章

電子部品のための
基礎知識

電気・電子回路の知識は、電子部品の特性や種類の違いを
理解するうえで必要不可欠なものです。とはいえ、初めから
すべてを理解しておく必要はありません。まずこの序章で
は、電子部品の役割や分類、さらには電気回路の要点を解説
します。

電子部品の役割

　身の回りの電子機器には非常に多くの電子部品が使用されており、現代の社会生活において必要不可能な存在となっています。

▶▶ 電子部品とは

　電子部品は、電子機器が特定の機能や目的を果たすために使用される部品の総称です。スマートフォン、パソコン、洗濯機、自動車、医療機器、FA機器、OA機器など、電気エネルギーをもとに動作するさまざまな電子機器に使用されています。実際にスマートフォン1台あたりには1000個を超える電子部品が搭載されており、私たちの生活を陰から支えています。また近年は半導体をはじめとした先端電子部品が国の戦略物資の1つとしてとらえられており、安全保障の観点からも電子部品の重要性が高まっています。

▶▶ 電子部品の役割

　電子機器は入力された**電気信号**をもとに処理を実行し、その結果を出力します。そのなかで電子部品は、**入力**、**処理**、**出力**の各段階でさまざまな役割を担います。入力では、スイッチやセンサを介して物理現象を電気信号に変換します。処理では入力で取り込んだ電気信号をもとに電子回路が動作します。かつての電子回路は、抵抗、コンデンサ、コイル、トランジスタ、ダイオードなどのディスクリート部品を使ったアナログ信号処理が主流でしたが、最近は半導体ICによる**デジタル信号処理**が一般的です。ただし半導体ICにも周辺回路が必要で、そこには多くのディスクリート部品が使用されています。出力では、モニタに情報を表示したり、モータを回転させたりします。このように電子機器で所望の機能を実現するためには、電子部品をうまく組み合わせることが重要になります。また電子機器を低価格で大量生産するために、電子部品は回路基板に実装されます。

　電子機器は絶えず小型・高機能化していますが、その進歩を支えているのが電子部品です。電子部品の技術開発によってサイズが年々小さくなりそして高機能化されることで、電子機器は便利で使いやすくなっています。

電子部品の適用範囲

スマートフォンの中身

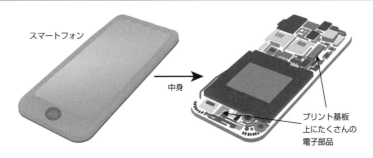

スマートフォン

中身

プリント基板
上にたくさんの
電子部品

電子機器内部での電子部品の役割

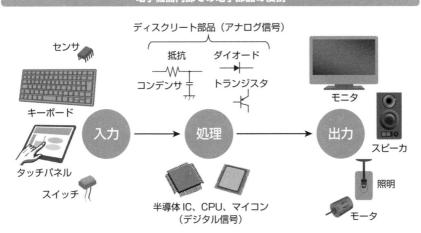

センサ

ディスクリート部品（アナログ信号）

抵抗　　　ダイオード

コンデンサ　　トランジスタ

キーボード

タッチパネル

スイッチ

入力　　→　　処理　　→　　出力

半導体 IC、CPU、マイコン
（デジタル信号）

モニタ

スピーカ

照明

モータ

電子部品の分類

電子部品は、受動部品、能動部品、機構部品の3つの種類に分かれており、電子機器では必要な機能に応じて電子部品を組み合わせています。

▶▶ 各電子部品の機能と構成要素

受動部品(Passive Component)は外部から電気信号を受けることで動作する電子部品です。電子部品単体では機能せず、かならず外部からの入力が必要となります。受動部品のおもな機能は、電気信号のフィルタ、制御、変換です。フィルタでは電気信号に含まれるノイズ成分を除去します。このフィルタには、抵抗、コイル、コンデンサなどの電子部品が使用されます。制御では抵抗で電流を制限したり、コンデンサで電圧を平滑化したりします。また変換では、コイルの一種であるトランスを使って電圧を変換します。これらの受動部品は電気回路のなかでも基礎となるものです。

能動部品(Active Component)は電源を接続すると、みずから電気信号を出力する電子部品です。自己駆動できることが特徴です。能動部品の機能は、電気信号の増幅、整流、制御、変換です。増幅ではセンサから入力される微小な電気信号を増幅します。各種物理現象に対応したセンサが存在し、トランジスタ、FET、オペアンプなどを使って信号を増幅します。整流ではダイオードを使って電流の向きを制限します。制御ではCPUやマイコンと呼ばれる半導体ICを使って演算処理を実行します。これらの演算処理はソフトウェアによって書き換えることが可能で、A-DコンバータやD-Aコンバータを使用することでデジタル信号とアナログ信号を相互に変換することもできます。

機構部品は受動部品や能動部品を回路として機能させるために必要な電子部品です。厳密な定義はありませんが、電子部品を実装するための回路基板、電子機器間を電気的に接続するためのコネクタやケーブル、電源のオン・オフや各種操作を行うためのスイッチ、負荷を駆動するためのモータなどが機構部品に該当します。

電子部品の分類

分類	受動部品	能動部品	機構部品
部品名	抵抗 コンデンサ コイル トランス	トランジスタ FET ダイオード オペアンプ マイコン A-Dコンバータ	回路基板 コネクタ ケーブル スイッチ リレー モータ

各部品の回路記号

部品名		回路記号
抵抗	固定抵抗	—〜〜— —☐—
	可変抵抗	
コンデンサ	無極性 コンデンサ	
	有極性 コンデンサ	
コイル		
トランス		
ヒューズ		
スイッチ		
モータ		(M)

部品名		回路記号
トランジスタ	NPN	
	PNP	
FET	Nチャンネル	
	Pチャンネル	
ダイオード		
ツェナーダイオード		
LED		
オペアンプ		
半導体IC		

第0章 電子部品のための基礎知識

電気回路の基礎知識

　電子部品の電気特性を理解するためには、電気回路の基礎となるオームの法則とキルヒホッフの法則について理解しておく必要があります。

▶▶ オームの法則とは

　オームの法則は、電圧、電流、抵抗の関係性を示すものです。具体的には電気回路に流れる電流は電圧に比例し、抵抗に反比例します。学校の授業では円を横と縦に分割して、3つの領域に区切ることでそれぞれの関係性を覚えたはずです。

　このオームの法則はすべての電気回路の基礎となるものですが、直列回路と並列回路で合成抵抗の求め方が異なります。直列回路では、複数の抵抗の和が回路の合成抵抗になります。この理由は回路中に流れる電流はどの点でも等しく、回路全体にかかる電圧と各抵抗の電圧降下が等しくなるためです。一方で並列回路では、各抵抗の逆数の和が合成抵抗の逆数に等しくなります。文章にすると難しいのですが、式を展開すると各抵抗の和分の積として計算できます。並列回路では各抵抗に同じ電圧がかかりますが、流れる電流の大きさが異なります。そのため合成抵抗は各抵抗に流れる電流の和から求められます。

▶▶ キルヒホッフの法則とは

　キルヒホッフの法則は電圧源が複数存在したり、1つの節点に複数の入出力が存在したりするときに有効な考え方です。このキルヒホッフの法則は**第一法則（電流則）**と**第二法則（電圧則）**から成り立っており、回路の特定のポイントに着目することで回路を簡略化することができます。

　キルヒホッフの第一法則は回路中の電流に着目した法則で、節点に流れ込む電流の総和と、流れ出る電流の総和が等しいことを示したものです。要するに、すべての節点で電流の入出力の総和が0になるということです。

　キルヒホッフの第二法則は回路中の電圧に着目した法則で、閉回路の電圧の総和と、抵抗の電圧降下の総和が等しいことを示しています。電圧源が複数存在したり、負荷が直並列に配置されるときに重要な考え方です。

オームの法則

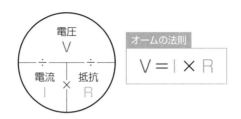

オームの法則

$$V = I \times R$$

直列回路と並列回路

抵抗の直列接続

$$R = R_1 + R_2$$

抵抗の並列接続

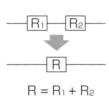

$$\frac{1}{R} = \frac{1}{R_1} + \frac{1}{R_2}$$

$$R = \frac{R_1 R_2}{R_1 + R_2}$$ ← 積
← 和

キルヒホッフの第一法則と第二法則

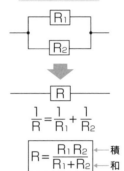

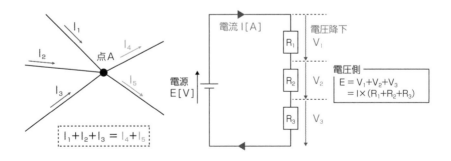

点A

$$I_1 + I_2 + I_3 = I_4 + I_5$$

電流 I [A]

電源
E [V]

電圧降下
V_1

V_2

V_3

電圧側
$$E = V_1 + V_2 + V_3$$
$$= I \times (R_1 + R_2 + R_3)$$

直流と交流

電気回路では直流と交流の2種類の電気信号を取り扱います。この直流と交流の電気信号は用途に応じて使い分けたり、相互に変換したりします。

▶▶ 直流と交流の違い

直流は極性が一定で、かつ時間経過によって大きさが変化しない電気信号を指します。英語でDirect Currentと表されることから**DC**とも呼ばれます。直流は電子機器の電源として利用されています。これは多くの電子機器の内部回路が、直流の電圧をもとに動作するためです。代表的な直流電圧としては、12V、5V、3.3Vなどがあります。

交流は時間の経過によって振幅が変化するとともに、極性も反転する電気信号です。英語でAlternating Currentと表されることから**AC**とも呼ばれます。交流のもっとも身近な用途はコンセントに供給される商用電源です。商用電源は、おおもとの発電所では数万V以上の高い電圧ですが、変電所を介して送電することで、コンセントでは100Vとなっています。このように電圧変換が容易なことが交流の特徴の1つで、そのほかにもパワーエレクトロニクスの分野ではモータ、通信の分野では電磁波としても交流信号が利用されています。

また直流と交流は相互に変換が可能です。直流電圧から別の直流電圧を作りだす回路を**コンバータ**や**DC-DCコンバータ**と呼びます。また交流から直流に変換する回路を**AC-DCコンバータ**と呼びます。一方で直流から交流に変換する回路は**インバータ**と呼びます。また交流から別の交流に変換する場合もインバータと呼びます。

▶▶ インピーダンスとは

直流回路では電流の流れにくさを抵抗で表しましたが、交流回路では**インピーダンス**で表します。このインピーダンスは抵抗とリアクタンスの2つの要素で構成され、周波数によってその大きさが変化します。そのなかでまず、抵抗、コンデンサ、コイルのインピーダンス特性を知っていくことが大切です。

直流と交流の特徴

直流

電圧 V
or
電流 I

時間 t

交流

電圧 V
or
電流 I

時間 t

直流と交流の変換

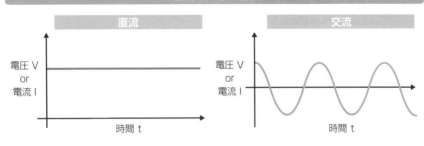

		出力	
		直流	交流
入力	直流	DC-DCコンバータ（モバイルバッテリー）	インバータ（パワーコンディショナー）
	交流	AC-DCコンバータ（ACアダプタ）	インバータ（モータ）

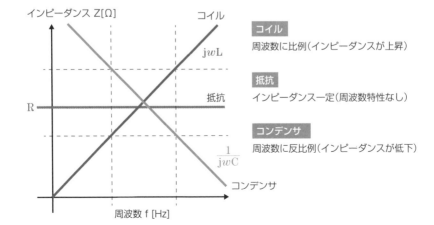

インピーダンス Z[Ω]

コイル

jwL

抵抗

R

$\dfrac{1}{jwC}$

コンデンサ

周波数 f [Hz]

コイル
周波数に比例（インピーダンスが上昇）

抵抗
インピーダンス一定（周波数特性なし）

コンデンサ
周波数に反比例（インピーダンスが低下）

0-5

回路図の読み方

　回路図は電気信号の流れを"見える化"するためものです。電子部品ごとに回路記号が定義されており、それらを組み合わせることで電気回路を設計します。

▶▶ 回路記号の種類

　回路記号は電子部品の数だけ存在するため、種類が非常に多いです。各記号の意味や形状は**JIS C 0617**で定義されています。このJIS C 0617には電子部品だけでなく、電気工事関連の装置や計測器も含まれています。なお実際の回路設計では、規格で定義された記号だけではまかなえないため、設計ツール独自の回路記号が使用されることもあります。

　簡単な回路図を読み解くだけであれば、「0-2：電子部品の分類」で示した受動部品と能動部品の回路記号を覚えておけば十分です。これらの電子部品は汎用性が高いため、回路記号を目にする機会が多いです。また回路の基準電位となる**GND**や**アース**の回路記号も知っておきましょう。

▶▶ 回路図のルール

　回路図は誰が見ても信号の流れを理解できるように、最低限守るべきルールが定められています。細かなルールは設計者や企業によって違いはありますが、以下の3つを押えておけば、回路の全体像は理解できます。

　1つ目は「**電気信号が左から右へ流れるように配置・配線する**」ことです。これによって信号の入力部が左側、処理を行うのが中央、出力部が右側というように、各回路ブロックがどのような役割をもつのかをイメージしやすくなります。

　2つ目は「**電圧が高い箇所を上側、低い箇所を下側にして配線する**」ことです。これは電気信号が電圧の高いところから低いところに向かって流れるためです。

　3つ目は「**配線の分岐箇所に黒点を打つ**」ことです。回路が大規模で複雑になるほど配線が混み合ってきますが、このときに黒点の有無によって配線の接続関係を判別できます。ちなみに各配線にはラベルがつけられており、回路のブロック間やページ間をまたぐ場合にはラベルによって接続関係を識別します。

回路記号の例

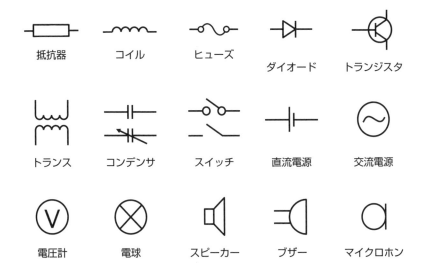

抵抗器　コイル　ヒューズ　ダイオード　トランジスタ

トランス　コンデンサ　スイッチ　直流電源　交流電源

電圧計　電球　スピーカー　ブザー　マイクロホン

回路図の例

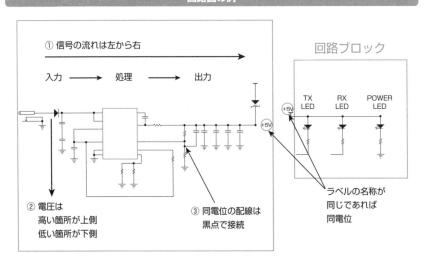

① 信号の流れは左から右

入力　→　処理　→　出力

回路ブロック

TX LED　RX LED　POWER LED

+5V

+5V

② 電圧は
高い箇所が上側
低い箇所が下側

③ 同電位の配線は
黒点で接続

ラベルの名称が
同じであれば
同電位

0-6

SI単位系と接頭語

電子部品は各種特性を規定するためにさまざまな単位が出てきます。各特性の単位には国際標準に位置づけられるSI単位系が使用されることが一般的です。

▶▶ SI単位系とは

SI単位系は十進数をベースにした世界共通の単位体系です。**SI基本単位**と呼ばれる7つの単位を中心に、**組立単位**や**SI接頭語**によって構成されています。

7つの基本単位は、長さ (m：メートル)、質量 (kg：キログラム)、時間 (s：秒)、電流 (A：アンペア)、温度 (K：ケルビン)、光度 (cd：カンデラ)、物質量 (mol：モル) です。

SI基本単位

基本量	基本単位	
名称	名称	記号
長さ	メートル	m
質量	キログラム	kg
時間	秒	s
電流	アンペア	A
温度	ケルビン	K
光度	カンデラ	cd
物質量	モル	mol

組立単位は名前のとおり基本単位を組み合わせたもので、面積 (m^2：平方メートル)、速度 (m/s：メートル毎秒) などがあります。

組立単位

組立量	組立量	
名称	名称	記号
面積	平方メートル	m^2
体積	立方メートル	m^3
速度	メートル毎秒	m/s
質量密度	キログラム毎立方メートル	kg/m^3
濃度	モル毎立方メートル	mol/m^3

　また日ごろ目にする機会が多い、電圧（$V = m^2 \cdot kg \cdot s^{-3} \cdot A^{-1}$：ボルト）、周波数（$Hz = s^{-1}$：ヘルツ）、電荷（$C = s \cdot A$：クーロン）、力（$N = m \cdot kg \cdot s^{-2}$：ニュートン）なども固有名称をもつ組立単位です。この固有名称をもつ組立単位は22個存在します。

固有名称をもつ組立単位

組立量	固有の名称	記号	SI基本単位による表し方
平面角	ラジアン	rad	m/m = 1
周波数	ヘルツ	Hz	s^{-1}
力	ニュートン	N	$m\ kg\ s^{-2}$
圧力	パスカル	Pa	$N/m^2 = m^{-1} kg\ S^{-2}$
電荷	クーロン	C	s A
セルシウス温度	セルシウス度	℃	K

　各単位で極端に大きな値や小さな値を表すときには接頭語が用いられます。以前のSI接頭語は20個でしたが、2022年に4個増えて現在は24個の接頭語が規定されています。なお接頭語は単位に1つだけつけることができ、たとえば1000kgは1kkg（キロキログラム）ではなく、1Mg（メガグラム）と表します。

SI接頭語

名称	記号	指数表記	制定年	名称	記号	指数表記	制定年
quetta（クエタ）	Q	10^{30}	2022年	deci（デシ）	d	10^{-1}	1960年
ronna（ロナ）	R	10^{27}	2022年	centi（センチ）	c	10^{-2}	1960年
yotta（ヨタ）	Y	10^{24}	1991年	milli（ミリ）	m	10^{-3}	1960年
zetta（ゼタ）	Z	10^{21}	1991年	micro（マイクロ）	μ	10^{-6}	1960年
exa（エクサ）	E	10^{18}	1975年	nano（ナノ）	n	10^{-9}	1960年
peta（ペタ）	P	10^{15}	1975年	pico（ピコ）	p	10^{-12}	1960年
tera（テラ）	T	10^{12}	1960年	femto（フェムト）	f	10^{-15}	1964年
giga（ギガ）	G	10^{9}	1960年	atto（アト）	a	10^{-18}	1964年
mega（メガ）	M	10^{6}	1960年	zepto（ゼプト）	z	10^{-21}	1991年
kilo（キロ）	k	10^{3}	1960年	yocto（ヨクト）	y	10^{-24}	1991年
hecto（ヘクト）	h	10^{2}	1960年	ronto（ロント）	r	10^{-27}	2022年
deca（デカ）	da	10^{1}	1960年	quecto（クエクト）	q	10^{-30}	2022年

抵抗の基本

抵抗は電流を制限する以外に、分圧、電流検出、ノイズ対策とその用途は多岐にわたります。また用途によって適切な抵抗の種類も異なります。そこで第1章では電気・電子回路を読み解くうえで重要となる抵抗の基本的な性質や各種特性の意味、種類別の長所と短所、実際の選び方などについて解説します。

抵抗とは

電気回路において抵抗は基礎となる電子部品です。まずは材質から見た抵抗の性質、抵抗値の定義についておさらいします。

▶▶ 抵抗の材質

電流の流れやすさを表す**導電率**という観点で世の中の材質を見ると、**導体**、**半導体**、**絶縁体**の3つに分類されます。導体は電流が流れやすい材質、半導体は特定の条件下で電流が流れる材質、絶縁体は電流が流れにくい材質です。これら3つの材質は自由電子の量に違いがあります。

材料中に自由電子が多いほど電流が流れやすい、つまり導電率が高くなります。反対に自由電子が少ないと導電率が低くなります。また**導電率σ（シグマ）**の逆数をとると**抵抗率ρ（ロー）**となり、導体は抵抗率の低い材質、絶縁体は抵抗率の高い材質と言い換えることもできます。

$$\sigma = \frac{1}{\rho} \quad [S/m]$$

電子部品の抵抗はおもに導体や半導体によって構成され、金属（銅、アルミ、金など）と比較すると導電率が低い炭素やニクロムなどで構成されることが一般的です。

▶▶ 抵抗値の求め方

電子部品としての特性は**抵抗値**で表されます。この抵抗値は抵抗率ρだけでなく、物質の形状によっても変化します。たとえば電線のような円筒状の物質の抵抗値Rは、長さLに比例し、断面積Aに反比例します。

$$R = \rho \frac{L}{A} \quad [\Omega]$$

このように形状によって抵抗値が変化することは、実際に電子部品を製造するうえでは非常に重要で、断面積や長さを調整することで任意の抵抗値に調整できることを意味します。

抵抗の単位は**Ω（オーム）**で表されます。1Ωは1Vの電圧をかけたときに1Aの

電流が流れる抵抗値として定義されています。また抵抗は英語で「Resistance」と表されることから、式や回路図で抵抗を示す場合は頭文字の**R**が用いられます。

導電率、抵抗率による材質の分類

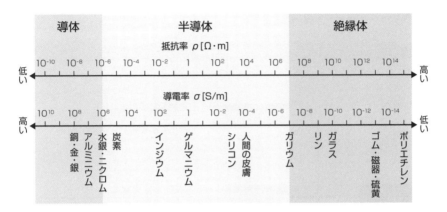

自由電子と導電率の関係

導体

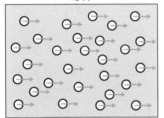

自由電子が多い
↓
導電率が高い（抵抗率が低い）

絶縁体

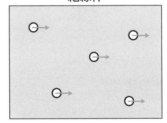

自由電子が少ない
↓
導電率が低い（抵抗率が高い）

抵抗値の求め方

抵抗値

$$R = \rho \frac{L}{A} \, [\Omega]$$

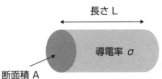

長さ L

導電率 σ

断面積 A

抵抗率 $\rho = \dfrac{1}{\sigma}$

1-2

抵抗の分類

抵抗は形状と構造から、リードつき、表面実装、巻線の3つに分類されます。ここでは各抵抗の特徴について解説します。

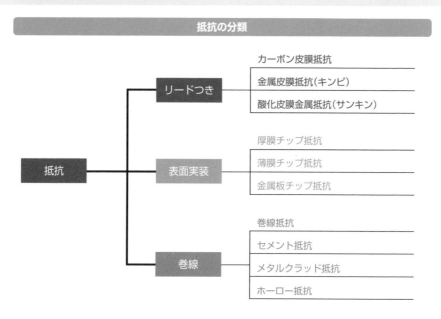

抵抗の分類

リードつき
- カーボン皮膜抵抗
- 金属皮膜抵抗（キンピ）
- 酸化皮膜金属抵抗（サンキン）

表面実装
- 厚膜チップ抵抗
- 薄膜チップ抵抗
- 金属板チップ抵抗

巻線
- 巻線抵抗
- セメント抵抗
- メタルクラッド抵抗
- ホーロー抵抗

▶▶ リードつき

リードつき抵抗は、いずれもカラーコードによって抵抗値が見分けられるようになっています。カラーコードの読み方は後述しますが、外観から抵抗値がわかるのは非常に便利です。

カーボン皮膜抵抗の長所は安価なことです。カーボン被膜のトリミングのデザインを変えることでさまざまな抵抗値を実現できるため、大量生産に適した抵抗といえます。一方で短所は抵抗値がばらつきやすいことが挙げられます。このため抵抗値の許容差が大きくなります。

金属皮膜抵抗（キンピ）は、カーボン皮膜抵抗と比較して抵抗値の精度が高いことが特徴です。また抵抗温度係数が小さいことも長所の1つです。特別これといっ

た短所は存在しませんが、カーボン皮膜抵抗と比較すると価格は高価です。

　酸化金属皮膜抵抗（サンキン） は電力容量が大きいことが特徴です。ほかのリードつき抵抗は最大でも1/2W程度ですが、酸化金属皮膜抵抗は5W程度まで許容できるものも存在します。また抵抗値の範囲が広く、価格も比較的安価です。

左上から炭素皮膜抵抗、金属皮膜抵抗、酸化金属皮膜抵抗

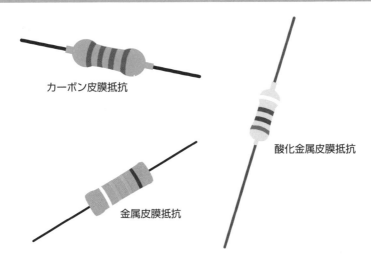

カーボン皮膜抵抗

酸化金属皮膜抵抗

金属皮膜抵抗

▶▶ 表面実装

　表面実装型の抵抗は、電子機器の小型化の流れを受けて登場したチップ部品です。サイズが大きめのチップ抵抗は上面に抵抗値が表記されていますが、サイズが小さいものは外観から抵抗値を読み取ることができません。また部品実装の難易度も高いため、専用のマウンターを使って実装することが一般的です。

　厚膜チップ抵抗はチップ抵抗のなかでもっともメジャーな部品です。抵抗体の厚みが数μm程度と厚いことから、**厚膜**と呼ばれています。スクリーン印刷で一気に大量生産できるため非常に安価で、抵抗値やサイズはさまざまなバリエーションが存在します。

　薄膜チップ抵抗の特徴は、抵抗値の許容差が±1%以下と小さいことです。また抵抗温度係数も非常に小さく、アナログ回路などの高い精度が要求される回路に適しています。

金属板チップ抵抗は低い抵抗値に特化した抵抗で、**シャント抵抗**や**電流検出用チップ抵抗**とも呼ばれます。熱容量が大きいため大電流を流すことも可能ですが、厚膜チップ抵抗と比較すると価格は非常に高価です。

厚膜チップ抵抗

金属板チップ抵抗

薄膜チップ抵抗

▶▶ 巻線

巻線型はおもに電力消費するための負荷として使用される抵抗です。ほかの抵抗と比較して定格電力が大きく、発火・発煙を抑制するために不燃性材料を使用したり、放熱性を高める機構を搭載していたりします。

巻線抵抗は、リードつきや表面実装と比較して電力容量が大きい（数W）のが長所です。短所としては抵抗線をコイル状に巻いているためインダクタンスが高く、高周波では使用できません。

セメント抵抗は巻線抵抗を不燃性のセメントでケーシングしたものです。発火・発煙することがないため、さらに電力容量が大きい（数10W）ことが特徴です。回路基板に実装することもできますが、周囲温度も上昇するため、部品配置には注意が必要です。

メタルクラッド抵抗は、巻線抵抗を放熱フィンつきのケースで覆ったものです。放熱フィンによって効率的に冷却できることに加えて、熱伝導による冷却効果も見込めます。電力容量はセメント抵抗と同等の数10W程度です。

ホーロー抵抗は巻線抵抗をホーロー（ガラス質の釉薬）で被覆したものです。ほかの巻線型と比較して電力容量が非常に大きく、また可変抵抗タイプも存在するな

どバリエーションが豊富です。ただし放熱機構をもたないためサイズは大きくなってしまいます。

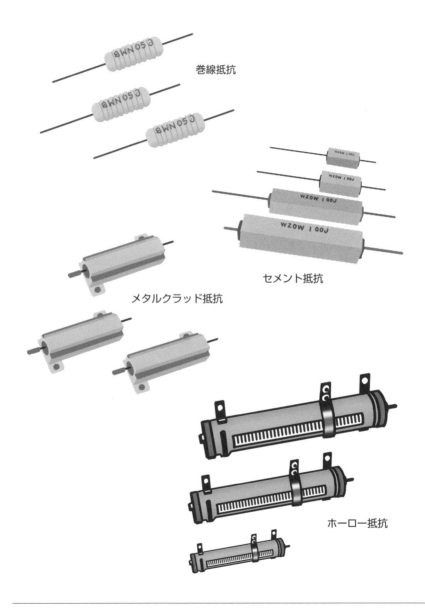

巻線抵抗

セメント抵抗

メタルクラッド抵抗

ホーロー抵抗

抵抗の構造

　電子部品は実装方法の違いによって、リードつきと表面実装の2つの形状に分かれます。抵抗はいずれの形状とも、抵抗体の長さによって抵抗値を調整しています。

▶▶ リードつき抵抗と巻線抵抗

　リードつき抵抗のなかでもっとも一般的な**カーボン皮膜抵抗**は、円筒状のセラミックにカーボン皮膜の抵抗体を焼きつけた構造になっています。リード間がカーボン皮膜で電気的に接続されており、らせん状にトリミングすることで抵抗値を調整しています。たとえばトリミングの溝が少ないと、リード間の距離が短くなるため抵抗値が低くなります。反対にトリミングの溝が多い場合は、リード間の距離が長くなるため抵抗値が高くなります。

　リードつき抵抗のなかには、セラミックに抵抗線（マンガン線やニクロム線）を巻きつけた**巻線抵抗**も存在します。巻線抵抗も抵抗値の調整方法は同じで、巻線部の長さと断面積によって所望の抵抗値が得られるようになっています。

▶▶ 表面実装抵抗

　表面実装抵抗は**チップ抵抗**とも呼ばれます。チップ抵抗では金属被膜や金属板が抵抗体として用いられており、抵抗体の一部にスリットを入れることで抵抗値を調整しています。チップ抵抗では精密な印刷技術を使って一度に大量の抵抗体を塗布することができるため、抵抗値の精度が高いことが特徴です。

　チップ部品のサイズはJIS規格、またはEIA規格によって規定されていますが、同じサイズ表記でも規格によって実際のサイズが異なります。この理由は2つの規格が採用している基準単位が異なるためです。JIS規格がミリメートル基準であるのに対して、EIA規格ではインチ基準となっています。つまり同じ0603という表記でも、JIS規格では0.6mm×0.3mmであるのに対して、EIA規格では1.6mm×0.8mmとなります。国内メーカーはミリメートルを基準にサイズが表記していますが、海外メーカーはインチ基準でサイズ表記していることが多いため、どちらの基準で表記しているかはかならず確認しておくべきです。

リードつき抵抗の内部構造

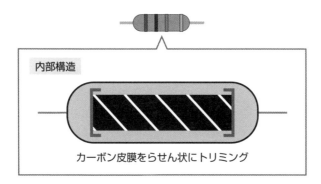

内部構造

カーボン皮膜をらせん状にトリミング

チップ抵抗の内部構造

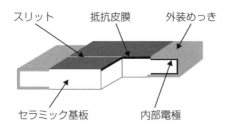

スリット　　抵抗皮膜　　外装めっき

セラミック基板　　　内部電極

JIS規格とEIA規格の比較

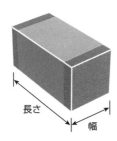

長さ
幅

JIS規格 (mm基準)	CIA規格 (inch基準)	長さ × 幅
0201	–	0.25mm × 0.125mm
0402	01005	0.4mm × 0.2mm
0603	0201	0.6mm × 0.3mm
1005	0402	1.0mm × 0.5mm
1608	0603	1.6mm × 0.8mm
2012	0805	2.0mm × 1.2mm
3216	1206	3.2mm × 1.6mm
3225	1210	3.2mm × 2.5mm
4532	1812	4.5mm × 3.2mm
5750	2220	5.7mm × 5.0mm

抵抗値のルール

電子部品の定数（抵抗値など）はE系列と呼ばれる標準数にもとづいて定められており、回路設計ではこのE系列をもとにして定数を決定します。

▶▶ E系列とは

E系列は、1〜10の間の数値を対数目盛で等分割した値として規定されています。このときに何分割にするかによってE系列の数値が変化します。実際の電子部品では、E6系列、E12系列、E24系列、E48系列、E96系列あたりが代表的です。

またE系列の分類に応じて定数の許容差（誤差）が異なり、E系列の値が小さいほど抵抗値の許容差が大きく、E系列の値が大きいほど許容差が小さくなります。許容差は小さいにこしたことはありませんが、すべての用途でE48系列やE96系列のような高精度な部品が必要なわけではありません。実際に回路を設計する場合は、汎用的にラインナップされているE6系列やE12系列の部品を採用することで、部品の入手性やコスト面で有利になります。

▶▶ 抵抗値の表記

リードつき抵抗は、**カラーコード**から抵抗値と許容差を読み取ることができます。カラーコードが4本線の場合は、第1、第2線が抵抗値の有効数字、第3線は乗数、第4線は抵抗値の許容差を示します。カラーコードが5本線の場合は、第1、第2、第3線が抵抗値の有効数字、第4線は乗数、第5線は抵抗値の許容差を示します。

チップ抵抗は、数値とアルファベットから抵抗値を読み取れます。3桁表記の場合は、左から1文字目と2文字目が有効数字、3文字目が倍率（10のn乗）を表しています。またアルファベットが含まれる場合は、Rは小数点の位置、LはmΩの位置、Uは$\mu\Omega$を表しています。4桁表記の場合は、左から1文字目から3文字目までが有効数字、4文字目が乗数を表しています。アルファベットの意味は、3桁表記のときと同じです。

E系列の分類と許容差

E3	E6	E12	E24	E48		E96			
±40%	±20%	±10%	±5%	±2%		±1%			
10	10	10	10	100	105	100	102	105	107
			11	110	115	110	113	115	118
		12	12	121	127	121	124	127	130
			13	133	140	133	137	140	143
	15	15	15	147	154	147	150	154	158
			16	162	169	162	165	169	174
		18	18	178	187	178	182	187	191
			20	196	205	196	200	205	210
22	22	22	22	215	226	215	221	226	232
			24	237	249	237	243	249	255
		27	27	261	274	261	267	274	280
			30	287	301	287	294	301	309
	33	33	33	316	332	316	324	332	340
			36	348	365	348	357	365	374
		39	39	383	402	383	392	402	412
			43	422	442	422	432	442	453
47	47	47	47	464	487	464	475	487	499
			51	511	536	511	523	536	549
		56	56	562	590	562	576	590	604
			62	619	649	619	634	649	665
	68	68	68	681	715	681	698	715	732
			75	750	787	750	768	787	806
		82	82	825	866	825	845	866	887
			91	909	953	909	931	953	976

リードつき抵抗のカラーコード

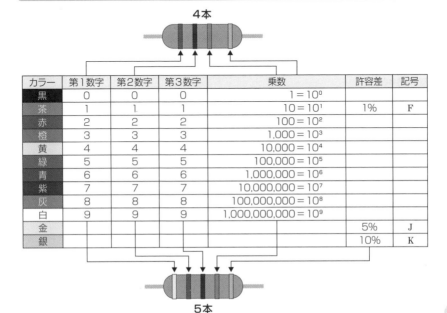

4本

カラー	第1数字	第2数字	第3数字	乗数	許容差	記号
黒	0	0	0	$1 = 10^0$		
茶	1	1	1	$10 = 10^1$	1%	F
赤	2	2	2	$100 = 10^2$		
橙	3	3	3	$1,000 = 10^3$		
黄	4	4	4	$10,000 = 10^4$		
緑	5	5	5	$100,000 = 10^5$		
青	6	6	6	$1,000,000 = 10^6$		
紫	7	7	7	$10,000,000 = 10^7$		
灰	8	8	8	$100,000,000 = 10^8$		
白	9	9	9	$1,000,000,000 = 10^9$		
金					5%	J
銀					10%	K

5本

第1章 抵抗の基本

抵抗の基本特性

抵抗を使用するうえで、基本的な特性の意味を理解しておくことは大切なことです。ここでは抵抗値以外で重要な特性を5つ解説します。

▶▶ 電気特性

定格電力は、抵抗に負荷できる最大電力を表したものです。抵抗が定格電力より高い電力を消費すると発熱しすぎて、発煙や発火に至ることもあります。この抵抗に負荷できる電力は周囲温度に応じて制限されており、周囲温度と負荷電力の関係性を**ディレーティング**と呼びます。たとえば右図の例では、周囲温度が70℃以上になるとディレーティング曲線にのっとって抵抗に負荷される電力を軽減する必要があります。

定格電圧は抵抗に連続して印加可能な最大電圧を表したものです。定格電圧は定格電力と最高使用電圧のいずれかをもとに規定されます。定格電力をもとに規定する場合は、抵抗値によって定格電圧が異なります。一方で最高使用電圧をもとに規定する場合は、端子間の絶縁破壊電圧が定格電圧になります。

そのほかの電気特性としては**周波数特性**があります。純粋な抵抗は周波数特性をもちませんが、実際の抵抗はリード線の寄生インダクタンスやリード線間の寄生容量によって周波数特性をもちます。この周波数特性は特に高周波で影響が大きいため、周波数の高い信号を取り扱う場合は注意が必要です。

▶▶ 温度特性

使用温度範囲は、抵抗が連続動作可能な周囲温度の範囲を表したものです。抵抗では−55℃〜+125℃のものが一般ですが、抵抗自身の発熱が加わるためディレーティングも考慮する必要があります。

また温度によって抵抗値は変化します。これを**抵抗温度係数**といい、単位はppm/℃で表します。温度上昇に対して抵抗値が増加する場合は正の温度特性、抵抗値が低下する場合は負の温度特性をもつといいます。

抵抗のディレーティング特性の例

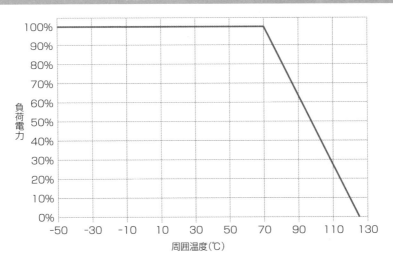

抵抗の等価回路と周波数特性の例

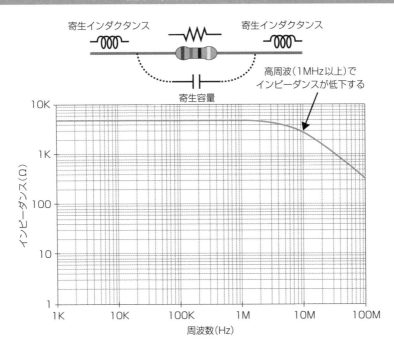

抵抗の用途

抵抗のもっとも一般的な用途は電流を制限することですが、電気・電子回路ではそれ以外の用途でも抵抗を使用します。

▶▶ 電流制限と分圧

負荷に対して所望の電流値を流したい場合、オームの法則にもとづいて抵抗値を決定します。もっともわかりやすいのはマイコンでLEDを点灯するときで、LEDと直列に200〜330Ω程度の抵抗を接続します。この電流制限用の抵抗は、過電流による故障からマイコンを保護する働きをもちます。

電源から特定の電圧を作りだす場合は、複数の抵抗を組み合わせた**分圧回路**が使用されます。電源VccとGNDの間に2つの抵抗R_1とR_2を直列に接続すると、出力電圧Voutは以下の式で求まります。

$$Vout = \frac{R_2}{R_1 + R_2} \times Vcc \ [V]$$

ここで$R_1 = R_2$だとするとVoutはVccの半分の大きさになります。このように同じ抵抗値の2つの抵抗を使って半分の電圧を得る分圧回路は、トランジスタなどの半導体部品を動作させるときによく使用されます。ただし分圧回路では抵抗によって損失が生じるため、大きな電流は流せません。

▶▶ センシングとノイズ対策

抵抗を電流検出用のセンサとして使用することもあります。この抵抗は**シャント抵抗**と呼ばれています。電流が流れると電力損失が生じるため抵抗値が非常に低いものが使用されます。また抵抗で生じる電力損失は熱に変換されるため、放熱性能や定格電力が大きいものが好ましいです。

そのほかに**ノイズ対策**として抵抗が使用されることもあります。高周波ではインピーダンスの不整合によって信号にひずみが生じ、それがノイズとなって回路に悪影響を与えます。このような場合に、回路に対して直列に抵抗を接続するとイン

ピーダンスが整合されてノイズの発生を抑制できます。このインピーダンス整合用
の抵抗は**ダンピング抵抗**と呼ばれます。

電流制限抵抗の役割

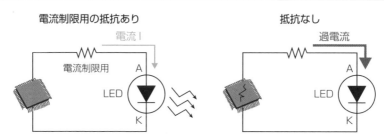

電流制限用の抵抗が無いと過電流が流れてマイコンが破損する

抵抗による分圧回路

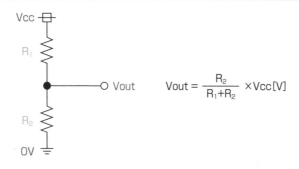

$$Vout = \frac{R_2}{R_1+R_2} \times Vcc[V]$$

ダンピング抵抗によるノイズ対策

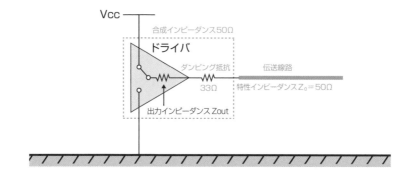

1-7

抵抗の選び方

電子部品の選び方はケースバイケースで正しい方法というのは存在しませんが、ここでは一例として抵抗を安全に使用するための選定手順を解説します。

▶▶ まずは電気特性

抵抗を安全に使用するためにもっとも重要な特性は**定格電力**です。抵抗の定格電力は回路の消費電力に対してある程度余裕を見て決定します。詳細に設計する場合は、周囲温度や抵抗自体の発熱などを考慮しますが、初めのうちは回路の消費電力に対して2倍以上の定格電力をもつ抵抗を選べばよいです。

次は**定格電圧**です。定格電圧は回路中で規定された電圧に対して1.5～2倍の定格電圧をもつ抵抗を選びます。

電気特性の3つ目は**抵抗値**です。E系列の数字が大きいほど種類が多く、また許容差も小さくなりますが、部品コストは高くなる傾向にあります。そのため回路の仕様をもとにして、どの程度まで誤差を許容できるかを判断して抵抗値を決定します。

▶▶ 形状と温度特性

電気特性が定まったあとは、部品の実装形態にあわせて形状とサイズを決定します。形状は、リードつきか表面実装かのいずれかから選択します。サイズは、特に表面実装タイプで重要なパラメータです。その理由は、部品サイズが小さいほど定格電力が制限されるためです。つまり部品サイズと定格電力はトレード・オフの関係になるということです。ただしここでは、定格電力を最優先のパラメータとしているため、この時点では問題にならないはずです。

また形状とあわせて抵抗の種類も選びます。ここまでの工程である程度種類は限定されているはずです。そこから種類を絞り込めない場合は、リードつきであればカーボン皮膜抵抗、表面実装であれば厚膜チップ抵抗を選んでおくのが無難です。

最後に温度特性を2つの側面から検討します。1つめが使用温度範囲です。抵抗は単純に周囲温度をもとに部品を選べばよいわけではなく、自己発熱も含めて最高

温度を決定する必要があります。2つめは抵抗温度係数です。抵抗温度係数は抵抗の種類によってある程度決まっていますが、負の温度係数のものも存在するため、用途に適したものを選ぶ必要があります。

　ここまでの手順にもとづけば候補が数種類程度にまで絞れているはずなので、あとは価格や入手性などを考慮して品番を決定してください。

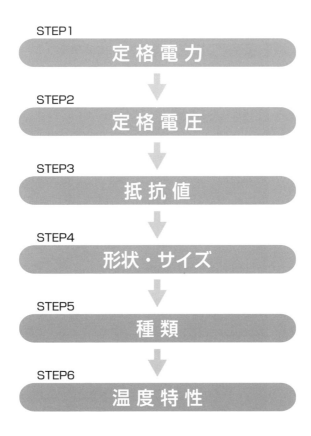

第 **2** 章

コンデンサの基本

コンデンサは直流と交流で電気的な性質が変化する電子部品です。電気・電子回路のさまざまな場面で使用されていますが、コンデンサの種類によって特徴がまったく異なるため、適切な種類・型式を選定することが非常に大切です。この章では各種コンデンサの特徴や選定方法について解説します。

コンデンサとは

　コンデンサ（英語ではキャパシタ Capacitor）は電荷を蓄える性質をもちます。ここではコンデンサが電荷の蓄積する原理をおさらいします。

▶▶ コンデンサの原理（直流）

　コンデンサは、2枚の金属板間に絶縁体が配置された構成になっています。この2枚の金属板は電極として機能するため、一方がプラス、もう一方がマイナスに帯電します。また絶縁体は材質固有の誘電率をもち、多くの電荷を蓄える働きをもちます。コンデンサが蓄えられる電荷量Qは電圧をV、静電容量をCとすると以下の式で表せます。なお電荷量Qの単位は**C：クーロン**と読みます。

$$Q = CV \quad [c]$$

　静電容量Cは、コンデンサがどの程度電荷を蓄えられるかを表す係数で、電極の面積S、電極間の距離d、絶縁体の誘電率εから求められます。

$$C = \varepsilon \frac{S}{d} = \varepsilon_0 \varepsilon_r \frac{S}{d} \ [F]$$

　上式より電極の面積が大きく、電極間の距離が近いほど静電容量が大きくなる、つまりより多くの電荷を蓄えられるということがわかります。実際のコンデンサでは、小さいサイズで大きな静電容量が得られるように誘電率の高い絶縁体が使用されます。

　ちなみに静電容量の単位は**F：ファラッド**で表されますが、実務では**uF（マイクロファラッド）**や**pF（ピコファラッド）**の単位がよく使われます。

▶▶ 交流回路での特徴

　コンデンサは電荷を蓄える性質をもつため直流では電流が流れませんが、交流では周波数が高くなるに従って電流が流れやすくなります。つまり周波数が高くなるほど、インピーダンスが低下するということです。

$$Z_c = \frac{1}{j\omega C} \ [\Omega]$$

　また回路に対してコンデンサを直列に接続すると、電圧波形よりも電流波形の位相が90°進みます。このことからコンデンサは位相を進める性質をもつといわれます。

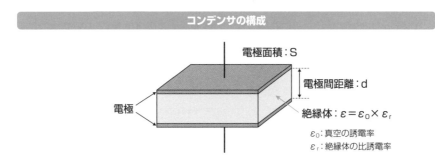

コンデンサの構成

電極面積：S
電極間距離：d
電極
絶縁体：$\varepsilon = \varepsilon_0 \times \varepsilon_r$
ε_0：真空の誘電率
ε_r：絶縁体の比誘電率

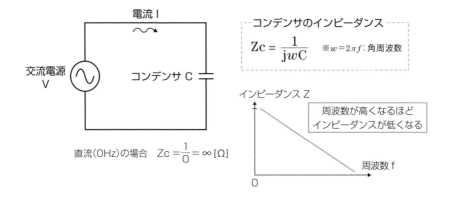

コンデンサのインピーダンス特性

電流 I
交流電源 V
コンデンサ C

コンデンサのインピーダンス

$$Zc = \frac{1}{jwC}$$ ※$w = 2\pi f$：角周波数

直流(0Hz)の場合　$Zc = \frac{1}{0} = \infty\,[\Omega]$

インピーダンス Z

周波数が高くなるほど
インピーダンスが低くなる

周波数 f

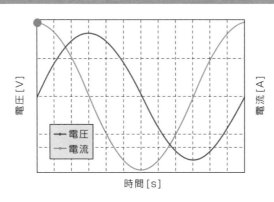

電圧波形と電流波形の関係

電圧 [V]
電流 [A]
電圧
電流
時間 [s]

2-2

コンデンサの基本特性

コンデンサを選定するためには基本特性の理解が必要不可欠です。ここではコンデンサの代表的な特性や性質を7つ解説します。

▶▶ 電気特性

コンデンサの定数は**静電容量**によって規定され、E6系列をもとにラインナップされていることが多いです。リードつきのコンデンサは、数字とアルファベットで静電容量と許容差が表記されています。なお静電容量の表記はpFが基準単位です。

定格電圧は連続して印加できる電圧の最大値を表したものです。同じシリーズのコンデンサでも静電容量が大きいほど定格電圧が低くなります。この理由は静電容量が大きいほど電極間の距離が短い、つまり耐電圧が小さいためです。

多くのコンデンサは無極性ですが、電解コンデンサなど一部のコンデンサは極性をもちます。**有極性**のコンデンサは、逆向きの電圧を印加すると暴発・破損する可能性があるため、交流回路の使用には適していません。

DCバイアス特性は、コンデンサの両端に直流電圧を印加したときの静電容量の変化率を表したものです。高誘電率系のセラミックコンデンサ（詳細は後述）において影響が顕著に表れるため、部品選定時には注意が必要です。

周波数特性はインピーダンスの周波数特性を表したものです。コンデンサは周波数が高くなるに従ってインピーダンスが低下しますが、自己共振周波数以上の高周波数ではインピーダンスが上昇します。そのため高周波回路では抵抗、コイル、コンデンサが直列接続された等価回路として扱う必要があります。

▶▶ 温度特性

使用温度範囲は、コンデンサを連続動作させることができる周囲温度の範囲を表したものです。−40℃〜＋85℃のものが一般的です。

温度特性は、周囲温度によるコンデンサの静電容量の変化度合いを表したものです。この温度特性はコンデンサの種類によって傾向が異なります。

リードつきコンデンサの静電容量の表記

第1数字　第2数字

乗数：10^n

許容差 F：±1%
　　　　J：±5%
　　　　K：±10%
　　　　M：±20%

105

3 3 3 J

表記	第1数字	第2数字	乗数	静電容量
100	1	0	10^0	10 pF
101	1	0	10^1	100 pF
102	1	0	10^2	1000 pF
103	1	0	10^3	0.01 uF
104	1	0	10^4	0.1 uF
105	1	0	10^5	1 uF
106	1	0	10^6	10 uF
107	1	0	10^7	100 uF

第2章 コンデンサの基本

コンデンサの等価回路モデル

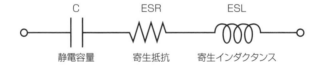

C　　　　　ESR　　　　　ESL

静電容量　　寄生抵抗　　寄生インダクタンス

静電容量が異なるコンデンサの周波数特性

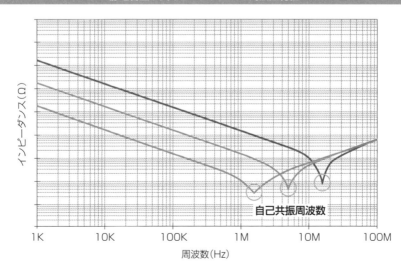

インピーダンス（Ω）

自己共振周波数

1K　　　10K　　　100K　　　1M　　　10M　　　100M

周波数（Hz）

電解コンデンサとは

電解コンデンサは体積あたりの静電容量が大きく、安価であるため使用頻度が非常に高いです。ただし使用方法や寿命には注意が必要です。

▶▶ 電解コンデンサの構造

電解コンデンサは、2枚のアルミ箔の電極で誘電体と電解液を挟み込んだ構造になっています。実際の電解コンデンサは2枚の電極をロール状に巻き上げることで、円筒形の部品に成形されています。リードつきと表面実装のそれぞれに対応していて、用途に応じて選択できます。

電解コンデンサには極性があり、部品の外装から極性を判別できます。おもな判別方法としてはマイナス側に白い帯が印刷されていたり、マイナス側のリード端子が長くなっていたりします。

なお極性を間違えると内部の電解液からガスが発生し、最終的には爆発に至ります。実際の部品では防爆弁が設けられているため、爆発の衝撃をある程度軽減できるようになっていますが、極性を間違えないように注意してください。

▶▶ 電解コンデンサの特徴

電解コンデンサの長所は、静電容量が大きいことです。絶縁体の比誘電率は7～10程度とそれほど高くありませんが、絶縁層の厚みがきわめて薄く、また電極となるアルミ箔の表面積が大きいため、大きな静電容量が得られます。

また定格電圧や耐電圧が高いことも長所の1つです。幅広い電圧範囲に対応しているため、用途に応じて適切な定格電圧のものを選択できます。

一方で電解コンデンサの短所としては、寿命と周波数特性が挙げられます。寿命は時間が経過するごとにコンデンサの封口部から電解液が徐々に抜けていき、その結果として静電容量の低下を招きます。静電容量の低下速度は、コンデンサの使用環境温度が10℃上昇するごとに寿命が1/2になる**アレニウスの10℃則**で計算することが可能です。

　周波数特性に関しては、ほかのコンデンサと比較すると寄生抵抗ESRが大きいです。そのため電解コンデンサに高周波電流が流れると内部で自己発熱し、その熱によって寿命がさらに低下します。つまり高周波での使用に適していないということです。ただし導電性高分子アルミ固体電解コンデンサなど、高周波特性や温度特性が改善されたものも存在します。

電解コンデンサの外観と断面図

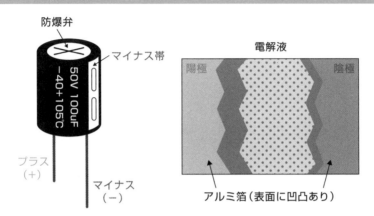

防爆弁

マイナス帯

50V 100uF
−40+105℃

プラス
（＋）

マイナス
（−）

電解液

陽極　　　　　　　　陰極

アルミ箔（表面に凹凸あり）

電解コンデンサの周波数特性

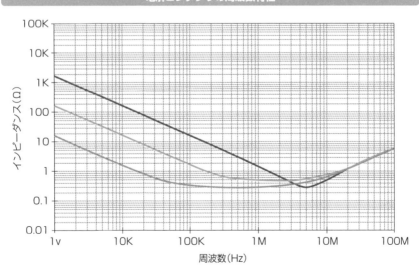

第2章　コンデンサの基本

2-4

フィルムコンデンサとは

　フィルムコンデンサはその名のとおり、絶縁体にプラスチックフィルムが使用されたコンデンサです。誘電率が低いため小型化には難がありますが、耐電圧や信頼性に優れています。

▶▶ フィルムコンデンサの構造

　フィルムコンデンサは、プラスチックフィルムに金属を重ねた構造になっています。この金属は電極として機能し、金属箔を重ねたものもあれば、金属を蒸着させたものもあります。

　蒸着電極を使用したものは**メタライズドフィルムコンデンサ**と呼ばれ、電極の自己修復機能（セルフヒーリング）をもちます。そのため過電圧によって絶縁破壊を起こしても、ただちに絶縁状態を回復できます。

▶▶ フィルムコンデンサの特徴

　フィルムコンデンサは、プラスチックフィルムの材質によって特徴が異なります。ここでは代表的な材質を4つ解説します。

　PET（ポリエチレンテレフタレート）を使用したコンデンサはもっとも一般的なフィルムコンデンサで、**マイラコンデンサ**とも呼ばれます。価格が安く、またサイズも小さいため非常に使いやすいことが特徴です。際立った長所や短所がないため、汎用的にさまざまな場面で使用されます。

　PP（ポリプロピレン）を使用したコンデンサは絶縁抵抗が高く、誘電損失やひずみが小さいためオーディオ用途などで使用されています。価格も比較的安価です。ただし耐熱性はほかのフィルムコンデンサに劣ります。

　PPS（ポリフェニレン・サルファイド）を使用したコンデンサは、耐熱性に優れています。温度による静電容量の変化も小さいため、高い信頼性が求められる用途に向いています。一方で短所は価格が高いことが挙げられます。

　PS（ポリスチレン）を使用したコンデンサは**スチコン**と呼ばれます。透明なプラスチックで構成されているため、外観から種類を判別できます。耐電圧が高く、誘電

損失も小さいためオーディオ用途で使用されてきましたが、価格が高く、熱にも弱いため、現在はほとんど生産されていません。

フィルムコンデンサの構成

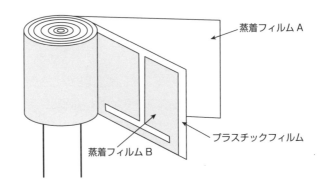

蒸着フィルム A

プラスチックフィルム

蒸着フィルム B

自己修復機能

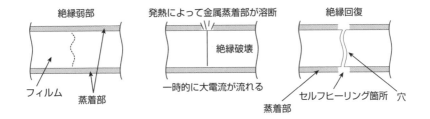

絶縁弱部

発熱によって金属蒸着部が溶断

絶縁破壊

絶縁回復

フィルム　　蒸着部

一時的に大電流が流れる

蒸着部　　セルフヒーリング箇所　穴

フィルムコンデンサの特徴

特性	PET	PP	PPS	PS
価格	◎	○	×	×
サイズ	◎	○	△	×
絶縁抵抗	△	◎	△	△
誘電損失	△	◎	○	◎
耐熱性	○	△	◎	×
温度特性	△	○	◎	×

セラミックコンデンサとは

セラミックコンデンサは、絶縁体にセラミックを使用したコンデンサです。誘電率が高く小型・軽量化に向くため、近年もっとも使用数量が多いコンデンサとなっています。

▶▶ セラミックコンデンサの構造

セラミックコンデンサは、リードつきと表面実装のどちらのタイプも存在します。このうちリードつきのセラミックコンデンサは、**単板型**と**積層型**に分かれます。単板型は円形の電極の間にセラミックが挟まった非常にシンプルな構造です。静電容量は小さいものの、耐電圧が高いことが特徴として挙げられます。一方で積層型は、表面実装用のチップ部品をリードつきとして使えるようにしたもので、**積層セラミックコンデンサ (MLCC)** と同じ特性をもちます。

リードつきセラミックコンデンサの構造

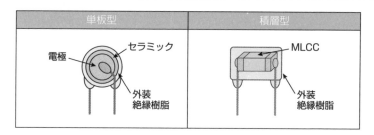

表面実装型は**積層セラミックコンデンサ**や**MLCC**(Multi-Layer Ceramic Capacitor)と呼ばれます。誘電体と内部電極が交互に多層にわたって積層された構造となっています。誘電体を薄くして層数を増やすことで小型で大きな静電容量を実現しています。

積層セラミックコンデンサの構造

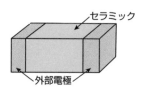
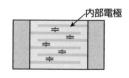

▶▶ MLCCの材質

MLCCは誘電体となる材質によって、**低誘電率系**、**高誘電率系**、**半導体系**の3つのタイプに分類されます。ただし半導体系はほとんど使用されていないため、実質的には低誘電率系と高誘電率系の2種類です。低誘電率系と高誘電率系は、それぞれ**Class1**と**Class2**とも呼ばれ、特徴が大きく異なります。

MLCCの材質の違い

	低誘電率系 Class1	高誘電率系 Class2
材料	酸化チタン など	チタン酸バリウム など
材質	常誘電体	強誘電体
比誘電率	20～300	1,000～20,000
静電容量	小	大
小型化	×	○
DCバイアス特性	○	×
温度特性	○	×

▶▶ Class1の特徴

Class1のMLCCには酸化チタンなどの常誘電体が使用されています。比誘電率が20～300と高くないため、静電容量はそれほど大きくなりませんが、一方で温度特性が優れています。

Class1の材質は温度特性によってグレードが分類されており、このうち温度係数が小さいCGやCHがよく使用されます。また温度が上昇するほど静電容量が低下する負の温度特性をもつ材質は**温度補償用コンデンサ**と呼ばれ、高い精度が要求される共振回路などで重宝されています。

Class1の材質			

温度特性記号		温度範囲	温度係数 (ppm/℃)
JIS規格	EIA規格		
CG	C0G		0 ± 30
CH	C0H		0 ± 60
CJ	C0J		0 ± 120
CK	C0K	− 55℃〜+ 125℃	0 ± 250
UJ	U2J		− 750 ± 120
UK	U2K		− 750 ± 250
SL	−		− 1000 ± 350

（負の温度係数）

▶▶ Class2の特徴

　Class2のMLCCには、比誘電率が非常に高いチタン酸バリウムなどの強誘電体が使用されています。誘電率が10,000以上のものもあり、大容量・小型化に適したタイプといえます。汎用的なシリーズでは、静電容量の範囲が10pF〜100uFまでラインナップされており、幅広い用途で使用されています。

　一方でClass2のMLCCは、DCバイアス特性をもつことと温度特性が大きいことが短所として挙げられます。いずれも使用条件によってコンデンサの特性が変化するため、これらの影響をどれだけ加味して設計できるかが、使いこなしのポイントとなります。

　温度特性に関しては、温度範囲と静電容量の変化率によってグレードが分類されています。Class2のMLCCは静電容量が非線形に変化するため、静電容量の変化率を基準値±〇％で表します。このうちJIS規格の**B特性**や**R特性**、EIA規格の**X5R**や**X7R**が汎用的に使用される材質です。

Class2の材質

温度特性記号		温度範囲	変化率
JIS規格	EIA規格		
B	−	−25℃〜+85℃	± 10%
F	−		+30%、−80%
R	−	−55℃〜+105℃	± 15%
−	X5R	−55℃〜+85℃	± 15%
−	X7R	−55℃〜+125℃	± 15%
−	X7S	−55℃〜+125℃	± 20%
−	Y5V	−25℃〜+85℃	+22%、−82%

EIA規格における記号の意味

最低温度

X：−55℃
Y：−25℃
Z：+10℃

最高温度

5：+85℃
6：+105℃
7：+125℃
8：+155℃

静電容量の変化率

F：±7.5%
R：±15%
S：±20%
T：+22%,−33%
U：+22%,−56%
V：+22%,−82%

2-6

パスコンとは

　ここまでは材質によってコンデンサが分類されてきましたが、用途をもとに分類されることもあります。バイパスコンデンサ、通称パスコンはその筆頭とも呼べる存在です。

▶▶ パスコンの定義

　パスコンはバイパスコンデンサを略した用語です。半導体ICに電源を供給したり、ノイズを抑制する働きをもつことから、ほぼすべての電子機器に搭載されています。

　このパスコンは特定の種類のコンデンサを指しているわけではなく、ノイズをバイパスするために使用されるコンデンサを総称したものです。そのためひとくくりにパスコンといっても、電解コンデンサやセラミックコンデンサを組み合わせて使用することもあり、用途に応じて適切な種類や定数を選択する必要があります。

▶▶ パスコンの役割

　パスコンの役割は、回路の電源電圧を一定に保つこと、半導体ICへ電流を供給すること、ノイズを抑制することなどといわれますが、これらはすべて同じことを意味しています。

　半導体ICが動作すると電源ラインに高周波電流が流れます。このとき電源パターンの抵抗とインダクタンスによって電源電圧が変動し、半導体ICが正常に動作しなくなることがあります。また動作したとしても、高周波電流が流れづらいことで信号波形がなまったり、信号の電流ループが大きいためにノイズが放射するなどのトラブルが発生します。

　ここで半導体ICの直近にパスコンを配置すると、高周波電流がコンデンサから流れるようになります。すると電源パターンにはほとんど高周波電流が流れなくなるため、電圧降下もほとんど発生しなくなり、電源電圧が安定します。そして負荷駆動時にコンデンサに十分な電荷が貯まっていれば、信号の波形がなまることもありません。また電流ループも小さくなるため、外部へ放射されるノイズも小さくなります。

パスコンとして使用されるコンデンサ

（特定の種類を指すわけではない）

パスコンがないときの問題点

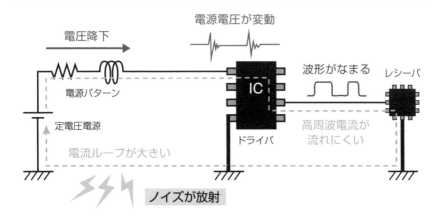

電圧降下

電源電圧が変動

波形がなまる

レシーバ

電源パターン

IC

定電圧電源

ドライバ

高周波電流が
流れにくい

電流ループが大きい

ノイズが放射

パスコンを使用した効果

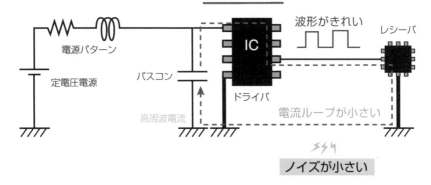

電源電圧が安定

波形がきれい

レシーバ

電源パターン

IC

定電圧電源

パスコン

ドライバ

高周波電流

電流ループが小さい

ノイズが小さい

2-7

そのほかのコンデンサ

　パスコン以外にも用途や形状から命名されているコンデンサが存在します。ここでは、Xコンデンサ、Yコンデンサ、3端子コンデンサについて解説します。

▶▶ XコンデンサとYコンデンサ

　XコンデンサとYコンデンサは、商用電源のノイズ対策部品として使用されるコンデンサです。このうちXコンデンサはLとN間に接続され、ノーマルモードノイズをバイパスする効果をもちます。一方でLとE間、NとE間に接続されるのがYコンデンサです。Yコンデンサは、電源ラインを同相で流れるコモンモードノイズをバイパスする効果をもちます。

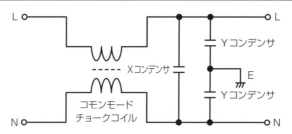

XコンデンサとYコンデンサ

　XコンデンサとYコンデンサも特定の種類のコンデンサを指すわけではありませんが、いずれも商用電源に接続されるため、安全規格に準拠した型式のものを使用する必要があります。

▶▶ 3端子コンデンサ

　3端子コンデンサはパスコンとして使用することに特化したMLCCです。高周波のインピーダンス特性が優れるという特徴をもちます。

　3端子コンデンサは、電源電流を流すために幅広のパターンで貫通電極が接続されています。GND電極は、寄生インダクタンスESLが小さくなるように両側に端子が設けられています。

３端子コンデンサの構造

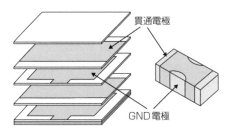

貫通電極

GND電極

　同じ部品サイズで静電容量が1uFのMLCCとインピーダンス特性を比較すると、1MHz以上の周波数帯域で３端子コンデンサのインピーダンスが低くなっています。つまり、より高いノイズ抑制効果が得られるということです。ただし３端子コンデンサの能力を最大限引きだすためには、部品の実装位置やプリント基板の配線設計も最適化する必要があり、使いこなしが難しい電子部品の１つといわれています。

MLCCと３端子コンデンサのインピーダンス特性

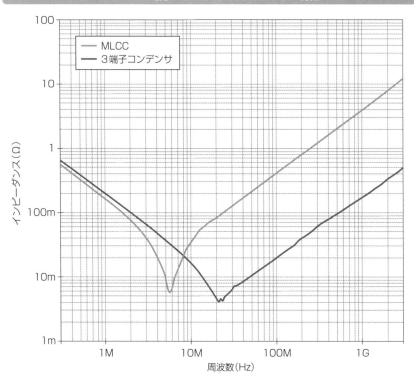

第2章　コンデンサの基本

コンデンサの用途

ここではコンデンサの代表的な用途である、平滑回路とACカップリング回路におけるコンデンサの役割を解説します。

▶▶ 平滑回路

平滑回路は交流を直流に変換する回路で、ダイオードブリッジ、コンデンサ、抵抗で構成されます。このなかでコンデンサは出力電圧を平滑化する、つまり直流化するように作用します。

平滑回路

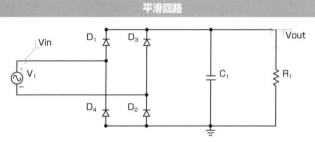

ここではコンデンサC_1の静電容量によって出力電圧が変化する様子を確認します。■灰色が入力電圧で、■青色が10uF、■水色が100uF、■黒色が1000uFの出力電圧です。

平滑回路のシミュレーション結果

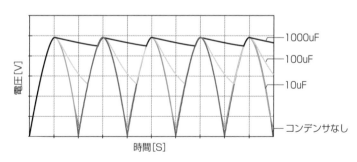

静電容量が小さいと出力電圧の変動(リップル)が非常に大きく、反対に静電容量

が大きいとリップルが小さくなることがわかります。つまり平滑回路には静電容量が大きいコンデンサが適しているということです。このため実際の平滑回路には耐電圧が高く、静電容量が大きい電解コンデンサが使用されることが多いです。

▶▶ ACカップリング回路

ACカップリング回路は直流電圧をカットする回路です。AC結合回路とも呼ばれます。コンデンサは周波数が低くなるほどインピーダンスが上昇するため、周波数が0Hzとなる直流信号をカットすることができます。回路構成は信号源と負荷に対して直列にコンデンサを接続するだけです。

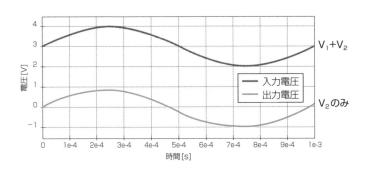

ACカップリング回路

この回路に直流電圧 V_2 が重畳（バイアス）された交流信号 V_1 を入力すると、出力電圧は直流電圧がカットされて交流信号だけ取りだされます。

ACカップリング回路の入出力波形

ACカップリング回路ではDCバイアス特性によって静電容量が変化すると使いづらいため、フィルムコンデンサや電解コンデンサを使用することが一般的です。

第2章 コンデンサの基本

2-9

コンデンサの選び方

コンデンサも用途によって選び方はさまざまですが、ここでは安全にコンデンサを使用するための選定手順を解説します。

▶▶ 電気特性

極性はコンデンサを安全に使用するためにもっとも重要な特性です。交流回路のような極性が常に入れ替わる用途では、電解コンデンサなどの有極性のコンデンサは使用できません。このためまずは、有極性のコンデンサが使用できるかを確認することが大切です。

定格電圧は、回路の種類によってどれくらいの余裕をもたせるかが変わりますが、電源電圧に対して2倍程度高い定格電圧のものを選べば安全です。

静電容量は、E6系列やE12系列に準じてラインナップされているものが多く、ほとんどの場合はそのなかから選択します。高い精度が必要な共振回路などでは、E24系列やE48系列のものを選択することもあります。なお許容差は、特別な要求がなければ±20%程度のものを選択します。

ここまででコンデンサの種類はある程度絞り込めているはずです。コンデンサの種類によって定格電圧と静電容量の範囲が異なるため、そのなかから回路の要求に適したコンデンサを選択してください。

定格電圧と静電容量の関係

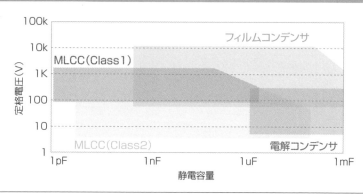

▶▶ 形状と温度特性

　電気特性が定まれば形状とサイズを決定します。形状は**リードつき**と**表面実装**のいずれかから選択します。ただし実際はコンデンサ単体ではなく、回路基板の仕様としてあらかじめ決まっていることが多いです。

　サイズは、特に表面実装タイプで重要なパラメータです。その理由は部品サイズが小さいほど寄生インダクタンスESLが小さくなるためです。ESLが小さいと、より高い周波数までコンデンサとしての性質を維持することができ、高周波において低いインピーダンスを実現できます。

部品サイズによるインピーダンス特性の違い

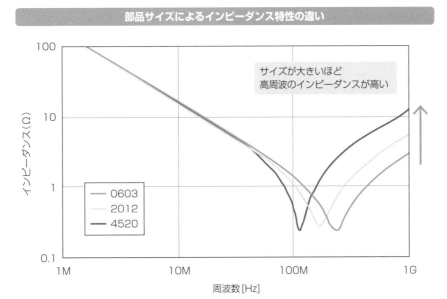

　使用温度範囲は回路の動作条件をもとに決定しますが、このときに温度特性に注意が必要です。特にセラミックコンデンサを使用する場合は、Class1とClass2で温度特性に大きな違いがあるため、用途に応じて適切なタイプを選択してください。

コイル・トランスの
基本

コイルは電気を磁気に変換する働きをもつ電子部品です。
ほかの電子部品と比較すると難しい印象をもたれることが多
いですが、原理から理解すれば、苦手意識はなくなるはずで
す。この第3章ではコイルの原理や特徴、さらに同じ磁性体
部品であるトランスについて解説します。

3-1

コイルとは

コイルは、コア材と呼ばれる磁性体に電線を巻きつけた電子部品です。まずはコイルの基本的な構造や名称について解説します。

▶▶ コイルの構造

コイルには電線をコイル状に巻いたもの（**空芯コイル**）や、**コア材**と呼ばれる磁性体に電線を巻きつけたもの（**トロイダルコイル**）などがあります。コイルの特性はインダクタンスによって規定されます。透磁率が高いコア材ほどインダクタンスが高くなり、部品を小型化できます。また同じコア材でも形状によって実効的な透磁率に差が生じるため、用途に応じてコイルの形状が異なることが一般的です。

▶▶ コイルの名称

電子部品としてのコイルは、形状をもとにして空芯コイルやトロイダルコイルに細分化されます。さらにノイズ対策用のコイルは、ノイズを防ぐ、締めだすという意味を込めて**チョークコイル**と呼ばれることもあります。

また英語でInductorと表されることから**インダクタ**と呼んだり、用途や形状にちなんで**パワーインダクタ**、**巻線インダクタ**、**積層インダクタ**と呼んだりもします。このようにほかの電子部品と比べて名称の種類が多いことも特徴です。

そのほかにもパワーエレクトロニクスの分野ではコイルのことを**リアクトル**と呼びます。この語源はコイルがリアクタンス（インピーダンスの虚数部）をもつためで、用途に応じて**平滑リアクトル**や**昇圧リアクトル**などと呼ばれます。

電線をコイル状に巻きつけたものをコイルと呼ぶため、**トランス**も広義のコイルです。トランスは電磁誘導を利用して電圧を変換しています。

トロイダルコイルと空芯コイル

インダクタ（表面実装）

リアクトル

トランス

コイルの原理

ここでは電線に流れる電流を起点として、コイルの原理について解説します。

▶▶ 電流と磁界の関係

電線に電流が流れると、進行方向に対して右ねじの方向に同心円状の**磁界**が発生します。この磁界の強さHは、電流Iと距離rから求めることができます。

$$H = \frac{I}{2\pi r} \ [A/m]$$

電子部品としてのコイルは電線が巻線になっているため、各電線で発生した磁界が互いに強めあうように作用します。単位長さあたりの巻数をnとすると磁界の強さは以下のように求めることができます。

$$H = nI \ [A/m]$$

ここまで説明したのはコイルに流れる電流によって磁界が発生する場合ですが、外部から磁界を加えることで、コイルに電流を流すことも可能です。たとえば右図のようにコイルに対して磁石を近づけたり遠ざけたりして、磁界の強さを変化させることでコイルに電流が流れます。この現象を**電磁誘導**と呼びます。

▶▶ 電磁誘導による起電力

電磁誘導において重要なことは、磁石を動かしたときに電流が流れることと電流の流れる向きに規則性があることです。1つ目の磁石を動かすことは、ある点における磁界が変化することを意味し、これが周期的に繰り返される場合には、交流磁界が印加されることに相当します。この交流磁界は**ファラデーの電磁誘導の法則**によってコイルに**逆起電力**を発生させます。

$$V = -n \times \frac{d\varphi}{dt} = -L \times \frac{dI}{dt}$$

ここで注目すべきは右辺の先頭の**マイナス符号**です。このマイナス符号は右ねじの法則と逆向きの電圧がかかることを意味します。これを電気回路として考えると、

コイルに流れる電流が急激に変化した（外部から磁界が印加された）ときに、電流が流れる向きとは逆向きの電圧がコイルの両端に発生することを意味します。そのためコイルは電流を妨げる作用があるといわれます。

電線に生じる磁界強度

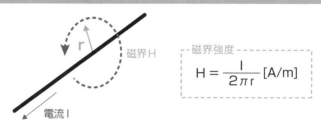

磁界H

電流 I

- 磁界強度 -

$$H = \frac{I}{2\pi r} \ [\text{A/m}]$$

巻線に生じる磁界強度

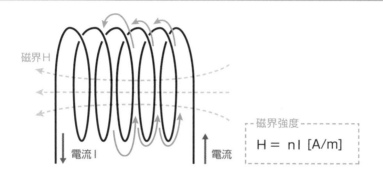

磁界H

電流 I　　電流

- 磁界強度 -

$$H = nI \ [\text{A/m}]$$

磁石による電磁誘導

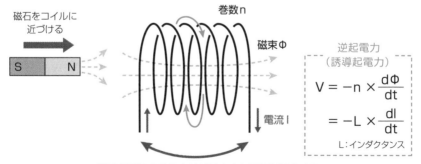

磁石をコイルに
近づける

S　N

巻数n

磁束Φ

電流 I

逆起電力
（誘導起電力）

$$V = -n \times \frac{d\Phi}{dt}$$

$$= -L \times \frac{dI}{dt}$$

L：インダクタンス

磁束（電流）の変化を妨げる向きに電圧が発生する

3-3

インダクタンスとは

コイルの電流を妨げる作用は電気回路のインピーダンスに相当します。コイルのインピーダンスの大きさはインダクタンスによって規定されます。

▶▶ 電磁誘導とインピーダンス

電流の周波数が高くなると単位時間あたりの磁束の変化量（dΦ/dt）が大きくなり、それに比例してコイルに発生する逆起電力が大きくなります。この逆起電力はもとの電流を妨げるように作用するため、電気回路としては、周波数が高くなるほど**インピーダンス**が高くなることを意味します。これはまさにコイルの**インピーダンス特性**そのものです。このことから電磁誘導とインピーダンスは表現方法こそ違いますが、同じ原理であることがわかります。

▶▶ インダクタンスとは

コイルの逆起電力やインピーダンスは**インダクタンス**に比例します。インダクタンスは単位電流Iあたりに発生する磁束Φを表す係数で、単位はH［ヘンリー］です。

$$L = \frac{\phi}{I} \ [H]$$

実際のコイルはコア材と呼ばれる磁性体に電線を巻きつけた構造となっており、たとえば**トロイダルコイル**では、コア材の材質、形状、電線の巻数からインダクタンスを求めることができます。

$$L = \frac{\mu S n^2}{l} \ [H]$$

トロイダルコイルの形状は磁界の発生方向に沿っており、かつ**閉磁路構造**となっているため、コイルとしてもっとも性能がよい形状となります。ただし実際には用途に応じてインダクタンス以外の特性も重要となるため、トロイダルコイルが万能というわけではありません。

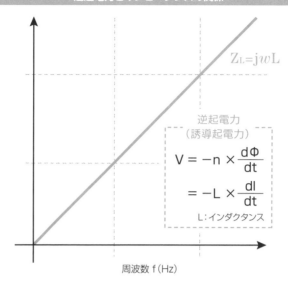

$$Z_L = jwL$$

逆起電力
（誘導起電力）

$$V = -n \times \frac{d\Phi}{dt}$$

$$= -L \times \frac{dI}{dt}$$

L：インダクタンス

周波数 f（Hz）

インダクタンスの定義

$$L = \frac{\Phi}{I} \ [H]$$

単位：H[ヘンリー]

トロイダルコイルのインダクタンスの求め方

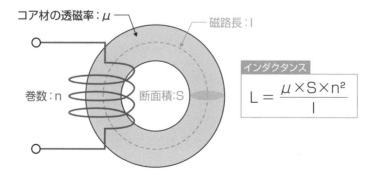

コア材の透磁率：μ

磁路長：l

巻数：n

断面積：S

インダクタンス

$$L = \frac{\mu \times S \times n^2}{l}$$

第3章 コイル・トランスの基本

3-4

コア材の種類

　コイルの特性は、コア材の性質によって決まります。ここではコイルに使用される代表的なコア材の種類について解説します。

▶▶ コア材の基本特性

　透磁率はコイルのインダクタンスに直結するコア材の主要特性です。透磁率は磁束の取り込みやすさを表す係数で、真空の透磁率と比較した**比透磁率**として表されることが一般的です。

　飽和磁束密度はコア材が取り込むことが可能な磁束量を表すもので、単位はT（テスラ）で表されます。飽和磁束密度は元素ごとに異なり、コア材にはいくつかの元素が組み合わさった合金が使用されています。コア材が飽和磁束密度に達すると**磁気飽和**を起こし、比透磁率が真空の透磁率と同等になります。

　鉄損はコア材の磁気的な損失を表すもので、単位はWで表されます。鉄損は、**ヒステリシス損失**、**渦電流損失**、**残留損失**の3つの損失の総和として表され、鉄損が大きいほど発熱が大きくなります。

　キュリー温度はコア材が磁性体としての性質を失う温度です。キュリー温度に達すると磁気飽和したときと同じように比透磁率が1になります。このためコイルでは周囲温度だけでなく鉄損による発熱も含めて、キュリー温度を下回る必要があります。

▶▶ コア材の種類

　コイルに使用されるコア材は材質の違いによって、**電磁鋼板**、**ダスト材**、**フェライト材**、**箔材**の4種類に分類されます。

　このうち電磁鋼板は商用電源用のトランスによく利用されます。

　ダスト材は金属合金を粉末化したもので、透磁率が低いものの、飽和磁束密度が高いためスイッチング電源のチョークコイルとして使用されています。

　フェライト材はスイッチング電源用のトランスを始めとして、チョークコイル、ノイズ対策用のフェライトコアなどさまざまな用途で使用されています。マンガン系とニッケル系で異なる特徴をもちます。

　箔材は透磁率と飽和磁束密度の両方が高いという特徴をもち、ノイズ対策用のコモンモードチョークコイルなどで使用されています。

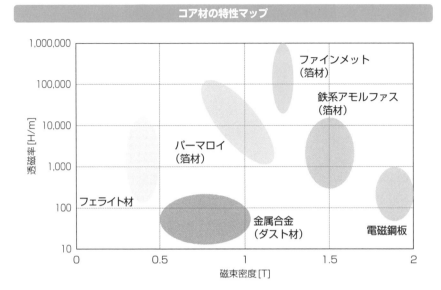

コア材の特性マップ

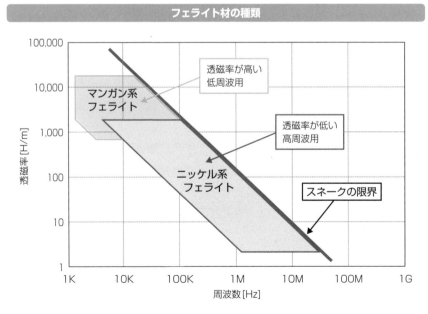

フェライト材の種類

コイルの基本特性

コイルはほかの電子部品と違い、電流をもとに規定される特性が多いです。ここでは
コイルを選定するうえで重要になる特性を解説します。

▶▶ 電気特性

インダクタンスはコイルの定数ですが、抵抗やコンデンサのようにE系列に従っ
てラインナップされていません。この理由はコイルのインダクタンスが巻数の2乗
に比例することで、きりのよい数値になりづらいためです。またインダクタンスの
許容差は±20%程度のものが一般的です

コイルは巻線の抵抗や鉄損によって自己発熱するため、電流で定格値が規定され
ています。**定格電流**は定常的に流せる電流値を表したもので、直流において自己発
熱温度が40℃となる電流値としていることが一般的です。

直流重畳特性はコイルに直流電流を流したときのインダクタンスの低下度合いを
表す特性です。横軸が電流、縦軸がインダクタンスとして表され、透磁率の高いコア
材ほどインダクタンスの低下率が大きくなる傾向があります。また同じコア材でも、
形状によって直流重畳特性が大きく異なります。

周波数特性は、コイルのインピーダンスの周波数特性を表したものです。コイル
のインピーダンスは、周波数に比例して上昇しますが、自己共振周波数以上の周波
数になると次第に低下します。そのため高周波では、抵抗、コイル、コンデンサを組
み合わせた**等価回路**として扱う必要があります。

Q値はコイルの損失の程度を表すパラメータで、コイルの抵抗成分とインダクタ
ンスの比によって決まります。高周波用コイルで重要な特性です。

$$Q = \frac{\omega L}{R}$$

▶▶ 温度特性

コイルの使用温度範囲は自己温度上昇を含むかを確認しておくことが大切です。
自己温度上昇を含む場合は−40℃〜+125℃と規定されているものが多いです。

　温度特性は周囲温度によるインダクタンスの変化度合いを表したものです。この温度特性はコア材の種類でおおむね決まっており、特にフェライト材は温度によるインダクタンスの変化が大きいものが多いです。

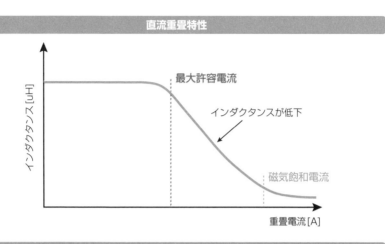

直流重畳特性

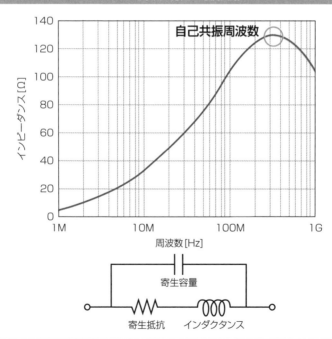

コイルの周波数特性と等価回路

第3章　コイル・トランスの基本

73

コイルの種類

コイルの種類は形状によって大別され、そこから用途によってさらに細分化されています。ここでは7種類のコイルの概要を解説します。

▶▶ リードつき

形状で分類すると、ほかの電子部品と同様にリードつきと表面実装に分かれます。

空芯コイルはコア材を使用しないコイルです。コア材をまったく使用しないものもありますが、プラスチックやセラミックなどの非磁性体に巻線したものもあります。磁性体を使用していないため磁気飽和が発生せず、また鉄損が小さいため高周波回路で使用されることが多いです。

チョークコイルは、ノイズをカットするために使用されるコイルの総称で、電源用と信号用に分かれます。電源用のチョークコイルは、定格電流値が高く、直流重畳特性に優れるものが多いです。一方で信号用は電流を流す必要がないため、インダクタンスを重視しているものが多いです。

コモンモードチョークコイルはチョークコイルの一種で、コモンモードノイズをカットすることに特化した部品です。ノイズの伝送モードごとに異なるインピーダンスをもち、ノーマルモードの信号成分に対してはほとんど影響を与えることなく、コモンモードのノイズ成分だけを効果的に除去できます。

リアクトルもチョークコイルの一種です。パワーエレクトロニクス向けとして大電流を流すことができるため、直流重畳特性が優れるものが多いです。また発熱が大きくなるため、鉄損が小さいものが好まれます。

▶▶ 表面実装

表面実装タイプは、コイルではなく**インダクタ**という名称で呼ばれることが多いです。

巻線チップインダクタは、電線でコイルを形成したチップ部品です。直流抵抗が小さく、大電流を流せることが長所として挙げられます。

積層チップインダクタは、コア材と内部電極を交互に積層したチップ部品です。

1層あたりが非常に薄いため小型でありながら高いインダクタンスが得られます。

　薄膜チップインダクタは、チップ表面に蒸着やスパッタリングによってコイルを形成したチップ部品です。電極の厚みが薄く、電流容量が小さいため信号用として使用されます。

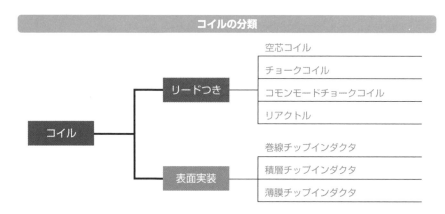

コイルの分類

- リードつき
  - 空芯コイル
  - チョークコイル
  - コモンモードチョークコイル
  - リアクトル
- 表面実装
  - 巻線チップインダクタ
  - 積層チップインダクタ
  - 薄膜チップインダクタ

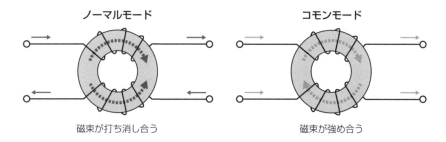

コモンモードチョークコイルの動作

ノーマルモード

磁束が打ち消し合う

コモンモード

磁束が強め合う

表面実装タイプ

外部電極

積層コイル

コア材

巻線チップインダクタ

積層チップインダクタ

薄膜チップインダクタ

コイルの用途

　ここではコイルの代表的な用途であるチョッパ回路とフィルタ回路におけるコイルの役割を解説します。

▶▶ チョッパ回路（電源用）

　チョッパ回路は、直流電圧を昇降圧するための回路です。

降圧チョッパ回路の例

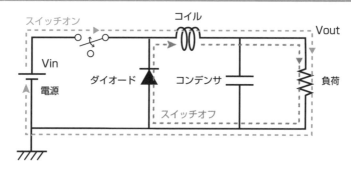

　スイッチの状態が変化するたびにコイルに逆起電力が発生するため、コイルには直流電流がバイアスされた**三角波電流**が流れます。ここではコイルのインダクタンスを変化させたときに、コイルに流れる電流の変化を確認します。

インダクタンスによる電流波形の違い

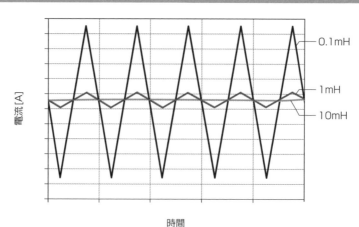

　電流のグラフ（左下図）では、インダクタンスの高いほど電流値の変動（リップル）が小さくなっています。この理由は逆起電力の式より、リップル（*di/dt*）がインダクタンス*L*に反比例するためです。

$$\frac{di}{dt} = -\frac{V}{L}$$

　このリップル電流はコイル内部にヒステリシス損失や渦電流損失を発生させて、コイルの発熱の原因となるため定格電流に対して30%程度に抑える必要があります。ただしインダクタンスが高すぎると直流重畳特性が悪化したり、部品サイズが大きくなるため、トレード・オフを考慮した部品選定が必要です。

▶▶ フィルタ回路（信号用）

　フィルタ回路には、**ローパス**、**ハイパス**、**バンドバス**、**ノッチ**の4つの種類があり、そのなかでコイルとコンデンサと組み合わせた**LCフィルタ**がよく使用されます。このLCフィルタはコイルとコンデンサの組み合わせ方によってさまざまな特性を実現でき、信号のノイズ対策として必要不可欠な回路となっています。

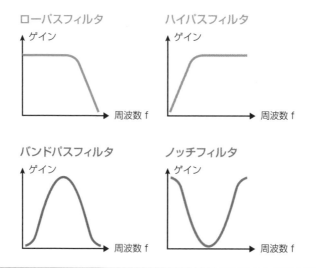

LCフィルタで実現可能なフィルタ特性

3-8

コイルの選び方

　ここでは電源用チョークコイルとコモンモードチョークコイルを例にしてコイルの選び方を解説します。

▶▶ 電源用チョークコイル

　電源用チョークコイルではまず回路の仕様にもとづいて定格電流値を計算します。このときリップル電流が規定の範囲内（定格電流の 30〜40%）に収まるように、必要なインダクタンスを計算します。

電源用チョークコイル

　次に直流重畳特性をもとに、電流が流れている状態で必要なインダクタンスが得られるかを確認します。特にフェライト材を使用したコイルは、インダクタンスの変化率が大きいため注意が必要です。

　最後にコイルの自己発熱も含めて、使用温度範囲内におさまるかを確認します。自己発熱は、コイルの銅損と鉄損によって生じますが、周囲温度は周辺部品の実装密度や発熱状況によって変化します。なお実装条件がわからない場合には、考えうるワースト条件で余裕をもったスペックのものを選定しておくべきです。

▶▶ 電源用コモンモードチョークコイル

　まず回路の仕様にもとづいて、定格電流値に合うものを選びます。

　続いて耐電圧を確認します。**電源用コモンモードチョークコイル**は多くの場合、リードつきの形状です。とりわけ商用電源に接続するタイプでは、コモンモードチョークコイルに高い電圧が印加されるため、安全規格を満足したものを選定する必要があります。安全規格では線間の耐圧性能が規定されており、それぞれの線は**セパレータ**と呼ばれる絶縁物で分離された構造となっています。

コモンモードチョークコイルの絶縁用セパレータ

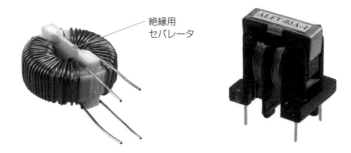

絶縁用
セパレータ

次はインダクタンスです。コモンモードチョークコイルでは定格電流値があうものののなかから、インダクタンスがもっとも高いものを選択することが一般的です。

コモンモードノイズに対するLCフィルタ

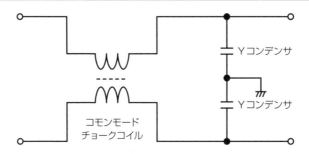

Yコンデンサ

Yコンデンサ

コモンモード
チョークコイル

商用電源ラインのコモンモードノイズに対しては、コモンモードチョークコイルとYコンデンサを組み合わせた**LCフィルタ**を使用します。ただし、Yコンデンサは漏れ電流の影響で静電容量の大きいものを使用できないため、コモンモードチョークコイルのインダクタンスを高くする必要があります。具体的なインダクタンスとしては、1mH以上のものを使用することが多いです。

なお電源用のコモンモードチョークコイルは電線の銅損によって自己発熱しますが、スイッチング電流が流れないため、自己発熱はそれほど大きくはありません。そのため周囲温度にあわせて使用温度範囲に適したものを選びます。

トランスの原理

トランスもコア材に電線を巻きつけた構造であるため、コイルの一種です。ここでは
トランスのもっとも基本的な機能である変圧の原理を解説します。

▶▶ 変圧の原理

変圧はトランスのもっとも基本的な機能で、1次側と2次側の巻線比に応じて出
力される電圧が変化します。

この変圧の原理を理解するうえで重要となるのがコイルの**逆起電力**です。トラン
スの1次巻線と2次巻線は、コア材（鉄心）を介して磁気的に結合しています。その
ため一方の巻線に電流が流れると、もう一方の巻線に逆起電力が発生します。この
ときに1次巻線N1と 2次巻線N2が同じ巻数であれば、2次側の電圧は1次側と
同じ電圧が出力されます。

$$\frac{V_1}{V_2} = \frac{N_1}{N_2}$$

このようにトランスの変圧の原理は電磁気学的な見方をすると、コイルの逆起電
力をもとにした現象と解釈できます。

▶▶ トランスの材質

トランスで変圧する際には、鉄心の磁気飽和に注意する必要があります。1次巻
線に流れる電流が大きすぎると鉄心が磁気飽和を起こし、2次側の電圧が低下し
ます。このためトランスの鉄心には、飽和磁束密度の高い磁性体を使用する必要
があります。

実際のトランスは用途に応じて異なる材質が使用されます。たとえば柱上トラン
スであれば電磁鋼板や鉄系アモルファスが使用され、スイッチング電源用の高周波
トランスであれば鉄損が小さくて飽和磁束密度の高いマンガン系フェライトが使用
されます。

トランスの原理

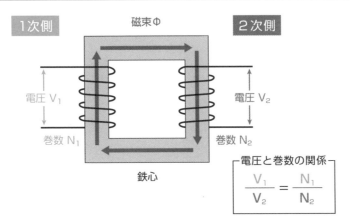

1次側 　磁束Φ　 2次側

電圧 V_1 　　　　　　電圧 V_2

巻数 N_1 　　　　　　巻数 N_2

鉄心

―電圧と巻数の関係―

$$\frac{V_1}{V_2} = \frac{N_1}{N_2}$$

柱上トランス

スイッチングトランス

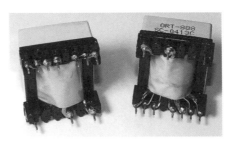

第3章　コイル・トランスの基本

トランスの種類

トランスは変圧に以外にも電気的な絶縁を目的として使用されることがあります。ここでは絶縁という観点からトランスの種類を解説します。

▶▶ 構造から見た絶縁

トランスの構造には単巻と複巻の2つのタイプが存在します。

単巻トランスは**オートトランス**とも呼ばれるもので、1次巻線と2次巻線が同じ巻線共有した構造となっています。同じ巻線を共有することで巻線の量が少なくなるため小型・軽量ですが、電気的な絶縁機能はもちません。

一方で**複巻トランス**は、1次巻線と2次巻線が別々に巻線されているため、入出力間で電気的に絶縁されています。一般的に使用されているトランスの多くは複巻トランスであるため、構造面から見たときにはほとんどのトランスが**絶縁トランス**ということになります。

▶▶ 伝導モードから見た絶縁

伝導モードはノイズの伝導モードをもとに考えるとわかりやすいです。ノイズの流れ方には**ノーマルモード**と**コモンモード**の2つの流れ方が存在します。このうちノーマルモードは、2本の線があったときにそれぞれ逆向きの電流が流れますが、コモンモードは2本の線に対して同じ向きに電流が流れます。

複巻トランスは、ノーマルモードに対しては1次側と2次側の磁気的な結合によってエネルギーが伝搬されますが、コモンモードに対しては1次側と2次側が磁気的に結合していないため、エネルギーが伝搬されません。このようにコモンモードを遮断することを目的にして、複巻トランスが**絶縁(アイソレーション)トランス**と呼ばれることがあります。このタイプの絶縁トランスには、コモンモードノイズの遮断性能を強化するために、1次側と2次側の間にシールド材を配置したものなどがあります。

構造から見たトランスの種類

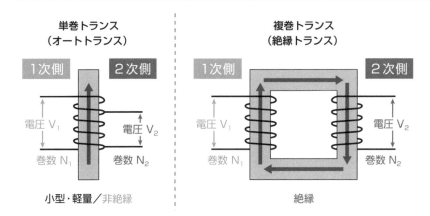

単巻トランス
（オートトランス）

1次側　2次側

電圧 V_1　電圧 V_2

巻数 N_1　巻数 N_2

小型・軽量／非絶縁

複巻トランス
（絶縁トランス）

1次側　2次側

電圧 V_1　電圧 V_2

巻数 N_1　巻数 N_2

絶縁

複巻トランスによるコモンモードノイズの絶縁（アイソレーション）

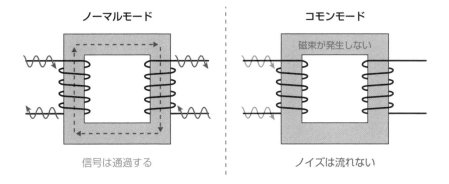

ノーマルモード

信号は通過する

コモンモード

磁束が発生しない

ノイズは流れない

第3章　コイル・トランスの基本

ダイオードの基本

ダイオードは、一方向にのみ電流を流す整流作用をもつ能動部品です。整流作用をもつためACアダプタなどさまざまな用途で使用されており、電気・電子回路では必要不可欠な電子部品となっています。第4章では各種ダイオードの特徴やLED、フォトダイオードについて解説します。

4-1

ダイオードとは

ダイオードは半導体によって構成された能動部品の一種です。ここでは半導体とダイオードの概要について解説します。

▶▶ 半導体とは

半導体は条件によって電流の流れやすさが変化する物質で、**N型半導体**と**P型半導体**の2つのタイプがあります。この2つの半導体は電子と正孔の量に偏りがあり、N型半導体には電子が多く存在し、P型半導体には正孔が多く存在します。いずれの半導体も単体で電流を流せますが、金属ほど電流が流れやすいわけではありません。

▶▶ ダイオードとは

ダイオードはP型半導体とN型半導体を接合した2端子の電子部品です。P型半導体の端子を**アノード**、N型半導体の端子を**カソード**と呼び、アノードからカソードへ一方向のみに電流を流す性質をもちます。この電流を一方向のみに流す性質を**整流作用**と呼びます。

アノードとカソードは、回路記号では三角の矢印の向きによって判別でき、右図においては左側がアノード、右側がカソードとなっています。実際の電子部品では、カソード側に**カソードバンド**と呼ばれる直線がマーキングされており、カソードバンドをもとに端子を見分けることができます。

ダイオードは、整流作用を利用して交流から直流に変換したり、電源の逆流防止回路などに使用されます。またダイオードは逆電圧をかけると定電圧回路として機能するため、半導体部品を動作させるためのバイアス回路として使用されることもあります。そのほかにも**LED（Light Emitting Diode）**もPN接合されたダイオードの一種で、インジケータのランプや照明器具の光源として使用されています。

P型半導体とN型半導体

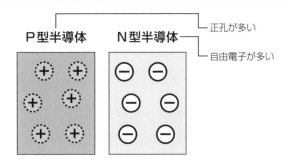

P型半導体 N型半導体 — 正孔が多い
— 自由電子が多い

ダイオードの回路記号と外観

記号

アノード カソード

電流

形状

アノード カソード

カソードバンド

ダイオードとLED

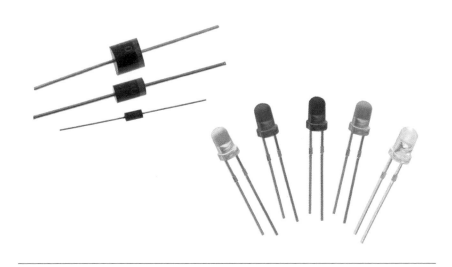

ダイオードの特性

ダイオードの性質は電流ー電圧特性（I-V特性）によって表され、ここからダイオードの基本的な動作状態を読み解くことができます。

▶▶ I-V特性から見るダイオードの性質

I-V特性は縦軸が電流、横軸が電圧で表されたグラフです。横軸はアノードからカソードへかかる電圧を正としています。I-V特性のグラフにおいてダイオードには、3つの動作領域があります。

1つめが**順方向領域**です。順方向領域はアノードからカソードに対して正の電圧をかけた領域で、**順方向バイアス**をかけるともいいます。この順方向領域では、一定以下の電圧までは電流がまったく流れませんが、それを超えると急激に電流が流れ始めます。この電流が流れ始める電圧を**順方向電圧Vf**と呼び、一般的なダイオードはVfが0.6〜0.7Vです。LEDは色によって異なりますが赤色LEDのVfは1.8〜2.2V、青色LEDのVfは3〜3.5Vとなっています。ダイオードを使用すると順方向電圧Vfによる電圧降下がかならず発生するため、これを考慮して回路を設計する必要があります。

2つめが**逆方向領域**です。逆方向領域はアノードからカソードに対して負の電圧をかけた動作領域で、**逆方向バイアス**とも呼ばれます。ダイオードにはほとんど電流が流れませんが、わずかに流れる電流のことを**リーク電流**と呼びます。

3つめが**降伏領域**です。降伏領域もアノードからカソードへマイナスの電圧をかけますが、この領域ではダイオードに急激に電流が流れます。この電流が急激に流れる電圧のことを**降伏電圧**や**ツェナー電圧**と呼びます。ツェナー電圧は順方向電圧と比較してマイナス方向へかなり高い電圧であるため、一般的な用途ではこれを超えないように回路を設計します。ただ**ツェナーダイオード**という特殊なダイオードでは、このツェナー電圧による降伏（ブレークダウン）を積極的に活用して定電圧回路として機能させています。

ダイオードのI-V特性

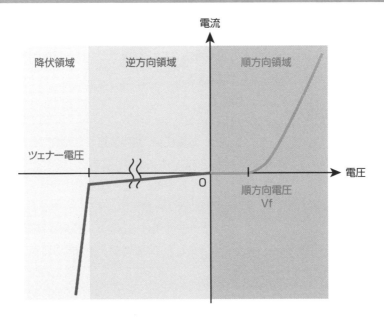

ダイオードの順方向電圧Vfの測定方法

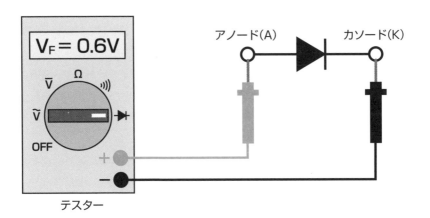

ダイオードの種類

ひと口にダイオードといっても特性や用途によってさまざまな種類があります。ここでは代表的なダイオードの特徴を解説します。

▶▶ ダイオードの分類

ダイオードは用途をもとに、**整流用**、**定電圧用**、**高周波用**の3種類に分かれており、そこからさらに特性に応じて各種ダイオードに分類されます。

このうち整流用のダイオードは、整流回路をはじめとして検波回路やスイッチング回路などで使用されます。定電圧用はツェナー電圧によるブレークダウンを利用するダイオードで、基準電圧源とするための定電圧回路などで使用されます。高周波用のダイオードはRFやマイクロ波回路などで、順方向と逆方向の特性の違いを利用することを目的に使用されます。

▶▶ 整流用ダイオードの種類

整流ダイオードは汎用的なダイオードを総称したもので、小信号回路で信号を検波したり、電源回路で交流を直流に変換するために使用されます。電源用の整流ダイオードは耐電圧が高いことが特徴で、**ダイオードブリッジ**としてパッケージングされたものも存在します。

ファストリカバリーダイオードは**逆回復時間**が短いダイオードです。**高速ダイオード**と呼ばれることもあります。逆回復時間はダイオードが導通状態から電流が遮断されるまでの時間のことで、スイッチング電源などで損失を低減する目的で使用されます。

スイッチングダイオードも逆回復時間をはじめとした応答性能に優れるダイオードで、おもに小信号用の回路で使用されます。汎用的に使用できるため、製品ラインナップが多いことも特徴です。

ショットキーバリアダイオードは、金属とN型半導体によって構成されたダイオードです。順方向電圧Vfが小さく、スイッチング特性が優れるため、電源回路の高効率化で重要な役割を果たします。短所としては熱暴走を起こしやすいことが挙

げられます。これはショットキーバリアダイオードのリーク電流が大きいためです。

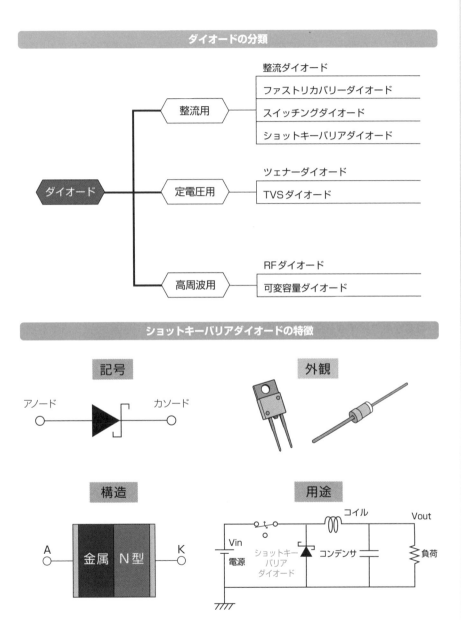

ダイオードの分類

ダイオード
- 整流用
  - 整流ダイオード
  - ファストリカバリーダイオード
  - スイッチングダイオード
  - ショットキーバリアダイオード
- 定電圧用
  - ツェナーダイオード
  - TVSダイオード
- 高周波用
  - RFダイオード
  - 可変容量ダイオード

ショットキーバリアダイオードの特徴

記号

アノード　　　　　　カソード

外観

構造

A　金属　N型　K

用途

コイル　Vout

Vin
電源

ショットキー
バリア
ダイオード　コンデンサ　負荷

第4章　ダイオードの基本

▶▶ 定電圧用ダイオードの種類

　ツェナーダイオードはほかのダイオードよりもツェナー電圧が低く設定されたダイオードで、逆バイアスをかけたときに容易にツェナー電圧に達します。これはたとえばツェナー電圧が5Vのツェナーダイオードを選択して逆バイアスをかければ、容易に5Vの定電圧源を作れることを意味します。このように簡単に定電圧を得られることから、ツェナーダイオードはさまざまな定電圧回路で使用されています。

　TVSダイオードはサージや静電気といったノイズに対して、回路を保護する働きをもつ部品です。ツェナー電圧に相当するクランプ電圧が設定されており、それ以上高い電圧を吸収することができます。ただ短時間のパルス性のノイズには対応できますが、過電圧のような定常的な高電圧は吸収できないことに注意が必要です。

▶▶ 高周波用ダイオードの種類

　RFダイオードは**PINダイオード**とも呼ばれています。順方向の電流値によって抵抗値が変化するとともに、端子間の静電容量が非常に小さいという特徴をもちます。順方向電圧に対しては可変抵抗、逆方向電圧にはコンデンサのように作用し、高周波アンプのゲイン調整を目的として使用されています。

　可変容量ダイオードはその名のとおり静電容量が可変するダイオードです。**バラクタダイオード**や**バリキャップ**とも呼ばれます。逆方向電圧の大きさによって静電容量の大きさを調整することができ、同調回路などのチューニング用途で使用されています。

ツェナーダイオードの特徴

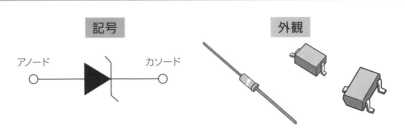

記号　　　　　　　　　　　　　　外観

アノード　　　　　カソード

TVSダイオードによるノイズ対策

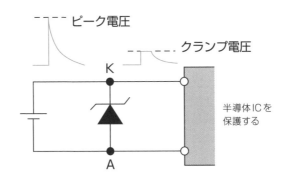

ピーク電圧

クランプ電圧

K

A

半導体ICを
保護する

可変容量ダイオードの特徴

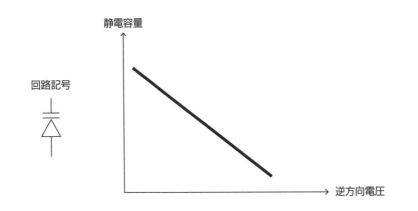

回路記号

静電容量

逆方向電圧

4-4

ダイオードブリッジ

> ダイオードブリッジは１つのパッケージの中に整流ダイオードが４つ、または６つ組み合わさったもので、スイッチング電源には必要不可欠な電子部品です。

▶▶ ダイオードブリッジの原理

ダイオードブリッジは交流を直流に変換するために使用される部品です。単相交流であれば４つ、三相交流であれば６つの整流ダイオードがブリッジ上にパッケージングされています。

ダイオードブリッジを使用して交流から直流に変換する回路を**全波整流回路**と呼びます。この全波整流回路において、ダイオードブリッジには交流のプラスとマイナスで、それぞれ異なる方向に電流が流れます。

交流電源がプラス時には、電圧源→D1→負荷抵抗→D4の順に電流が流れます。このとき負荷には交流電源の電圧がそのままの向きで印加されます。一方で交流電源がマイナスのときには、電圧源→D3→負荷抵抗→D2の順に電流が流れます。

ここで重要なのが、交流電源がマイナスにも関わらず負荷には正方向の電圧がかかることです。この理由は電源の極性が反転したときにD3が導通するためで、これによって電源の極性に関係なく負荷には常にプラスの電圧がかかり続けることになります。

ちなみに交流電源にダイオードブリッジを接続しただけだと、出力電圧はリップルが重畳した**脈流**と呼ばれる波形になります。脈流は極性が変化しないため一応直流という扱いですが、このままだと電圧変動が大きすぎて使いづらいため、平滑用のコンデンサを並列に接続することが一般的です。このコンデンサは**平滑コンデンサ**と呼ばれ、大容量かつ耐電圧の高い電解コンデンサが使用されます。

ダイオードブリッジの特徴

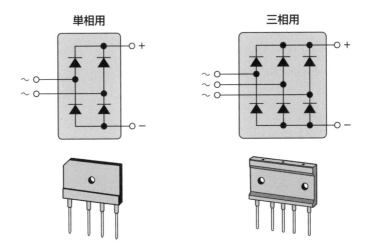

単相用　　　　　　三相用

ダイオードブリッジを用いた全波整流回路

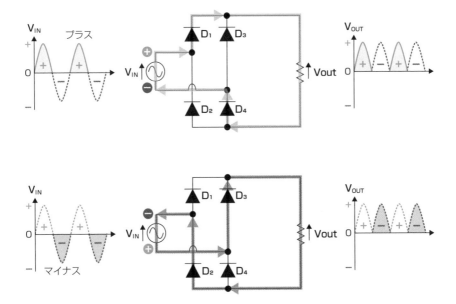

4-5

LEDとフォトダイオード

LEDとフォトダイオードはいずれもPN接合によるダイオードの一種で、電気エネルギーと光エネルギーを変換する働きをもちます。

▶▶ LEDとは

LEDは日本語で**発光ダイオード**と呼ばれます。ダイオードと同様に、アノードとカソードの2つの端子をもち、電子部品としてはリードつきと表面実装のどちらのタイプも存在します。リードつきのLEDは**砲弾型**とも呼ばれ、透明の樹脂で光源が覆われた形状になっています。ダイオードと同じで、リード端子はアノードのほうが長くなっています。一方で表面実装はチップLEDもあれば、1つのパッケージの中に複数のLEDが実装された**COB（チップオンボード）**のものもあります。COBタイプのLEDは高出力で照射範囲が広いという特徴があり、照明器具の光源として使用されます。

LEDは**順方向電圧**をかけると発光する性質をもっており、その光量は順方向電流によって決まります。もっとも簡単にLEDの光量を調整する方法は、直流電源に対してLEDと抵抗を直列に接続し、抵抗値によって電流を制限する方法です。砲弾型やチップLEDはこの手法で電流値を調整することが多く、大抵の場合は10〜20mA程度になるように抵抗値を調整します。一方でCOBタイプは電流値が大きいため抵抗で制限することは難しく、定電流機能を内蔵した専用のLEDドライバ（半導体IC）を使用することが一般的です。

▶▶ フォトダイオードとは

フォトダイオードはLEDとは反対の性質をもつ電子部品で、光を電気に変換する作用をもちます。フォトダイオードに光を照射すると一方向に微小な電流が流れるため、**光センサ**として使用されています。フォトダイオードは光に対する応答速度や直線性に優れていますが、一方で感度が低いため増幅回路と組み合わせて使うことが一般的です。

LEDの回路記号

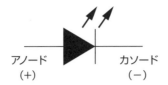

アノード　　　　　　　カソード
（＋）　　　　　　　　（−）

砲弾型LEDの構造

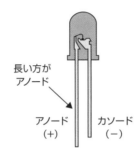

長い方が
アノード

アノード　　　カソード
（＋）　　　　（−）

チップLEDとCOBの構造

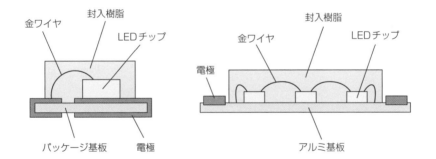

金ワイヤ　　封入樹脂

LEDチップ

封入樹脂　　　　　　　LEDチップ

金ワイヤ

電極

パッケージ基板　　電極

アルミ基板

フォトダイオードの外観と回路図記号

トランジスタの基本

電子回路を学び始めたときに、最初の壁になるのがトランジスタです。トランジスタは電子回路の中核を担う部品ですが、電気特性が複雑で使いこなすのは非常に難しいです。そこで第5章では実務でトランジスタを扱ううえで必要最低限知っておくべき項目に絞って、機能や種類による用途の違いなどを解説します。

5-1

トランジスタとは

トランジスタもダイオードと同じく、P型とN型の半導体を組み合わせた部品です。ここではトランジスタの構成と役割について解説します。

▶▶ トランジスタの構成

トランジスタはP型とN型の半導体を3つ組み合わせた電子部品で、組み合わせ方によって**NPN型**と**PNP型**の2種類のトランジスタに分かれます。

NPN型とPNP型のトランジスタはいずれも、**ベース**、**エミッタ**、**コレクタ**の3つの端子をもち、ベース電流Ibによってコレクターエミッタ間に流れる電流Icを増幅することができます。

トランジスタの3つの端子は、**E：エミッタ**、**C：コレクタ**、**B：ベース**の順に「エクボ（ECB）」と覚えるのが定番です。各端子の役割は、コレクタは収集するという意味をもち電子を集めるように作用します。エミッタは放出するという意味をもち電子を吐きだすように作用します。ベース端子は、コレクタとエミッタ間に流れる電流を制御するための土台として機能します。

NPN型とPNP型は電流の流れ方が異なるため回路への接続方法は異なりますが、基本的な用途に違いはありません。ちなみにNPN型とPNP型は回路記号のエミッタ端子の矢印の向きで見分けられます。このエミッタ端子の矢印は電流の流れる向きを表しており、外向きがNPN型、内向きがPNP型です。

▶▶ トランジスタの役割

トランジスタはベース電流によってコレクタ電流を制御することから、電流を増幅する働きをもつといわれます。ただし電流を増幅するというイメージは難しいので、ベース電流によって制御可能な半導体スイッチ、と理解していればよいです。つまりベース電流が流れるとコレクタ・エミッタ間のスイッチがオンになり、反対にベース電流が流れないとスイッチがオフになるというイメージです。

トランジスタの外観と端子名

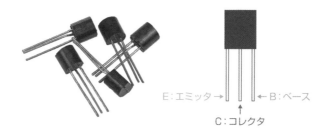

E：エミッタ→　　←B：ベース

↑
C：コレクタ

NPN型とPNP型の構成と回路記号

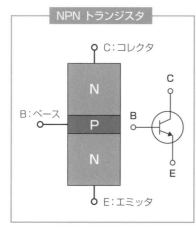

NPN トランジスタ

C：コレクタ

N

B：ベース

P

N

E：エミッタ

C

B

E

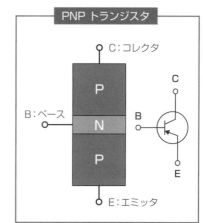

PNP トランジスタ

C：コレクタ

P

B：ベース

N

P

E：エミッタ

C

B

E

トランジスタの役割

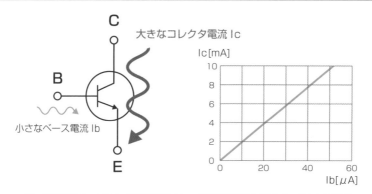

C

大きなコレクタ電流 Ic

B

小さなベース電流 Ib

E

Ic[mA]

10

8

6

4

2

0

0　　　20　　　40　　　60

Ib[μA]

ベース電流によってコレクタ電流のオン・オフを切り替えるスイッチとして機能

トランジスタの特性

トランジスタを使いこなすには絶対最大定格と電気特性の2つを理解する必要があります。ここでは2SC1815のデータシートをもとに各特性の概要を解説します。

▶▶ 絶対最大定格

絶対最大定格は、トランジスタを使用するうえで一瞬たりとも超えてはいけない値を示したものです。この値を超えるとトランジスタが故障する可能性があるため、使用する際にはかならず確認しておく必要があります。

トランジスタの絶対最大定格には、**ベース、コレクタ、エミッタ**の各端子間電圧、各端子電流、**コレクタ損失、接合（ジャンクション）温度、保存温度**などがあります。このうちコレクタ損失は定格電力に相当するもので、定格電力の30〜40%を目安に使用することが一般的です。なお定格電力は周囲温度や熱抵抗による影響を加味することもあれば、ディレーティング特性にもとづいて決定することもあります。

▶▶ 電気特性

電気特性は、周囲温度が25℃のときの電気的な特性をまとめたものです。各特性によって規定される値が異なりますが、**最小値（min）、最大値（max）、標準値（typ）** が記載されています。

このなかでトランジスタのグレードに関わるのが**電流増幅率hfe**です。ここでは最小値と最大値が記載されていますが、注記にて電流増幅率hfeの値によって型式が異なることが示されています。また電流増幅率hfeはコレクタ電流によっても変化し、両者の関係もグラフ化されています。このように電流増幅率hfeは動作条件によってかなり変動するため、最小値でも安定して動作するように回路を設計しておくことが大切です。

そのほかの特性も、基本的には標準値に近い条件でトランジスタを動作させることが信頼性の高い回路設計につながります。

電気特性（Ta＝25℃）

項目	記号	測定条件	最小	標準	最大	単位
コレクタしゃ断電流	I_{CBO}	$V_{CB} = 60V$、$I_E = 0$	－	－	0.1	μA
エミッタしゃ断電流	I_{EBO}	$V_{EB} = 5V$、$I_C = 0$	－	－	0.1	μA
直流電流増幅率	h_{FE} (注1)	$V_{CE} = 6V$、$I_C = 2mA$	70	－	700	
	h_{FE} (注1)	$V_{CE} = 6V$、$I_C = 150mA$	25	100	－	
コレクタ・エミッタ間 飽和電圧	V_{CE} (sat)	$I_C = 100mA$、$I_B = 10mA$	－	0.1	0.25	V
ベース・エミッタ間 飽和電圧	V_{BE} (sat)	$I_C = 100mA$、$I_B = 10mA$	－	－	1.0	V
トランジション周波数	f_T	$V_{CE} = 10V$、$I_C = 1mA$	80	－	－	MHz
コレクタ出力容量	C_{ob}	$V_{CB} = 10V$、$I_E = 0$、 $f = 1MHz$	－	2.0	3.5	pF
ベース拡がり抵抗	$r_{bb'}$	$V_{CE} = 10V$、 $I_E = -1mA$、$f = 30MHz$	－	50	－	Ω
雑音指数	NF	$V_{CE} = 6V$、 $I_C = 0.1mA$、$f = 1kHz$、 $R_G = 10k\Omega$	－	1	10	dB

注：$h_{FE(1)}$分類　O：70〜140、Y：120〜240、GR：200〜400、BL：350〜700

トランジスタの特性グラフ

ディレーティング特性

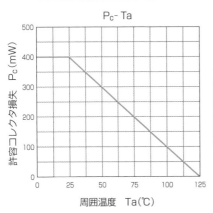

P_c- T_a

電流増幅率とコレクタ電流の関係

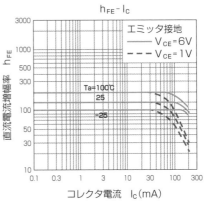

h_{FE}- I_c

トランジスタの型式

トランジスタにはさまざまな種類が存在するため、部品の型式からおおよその用途が判別できるようになっています。

▶▶ 型式による分類

トランジスタにはNPN型とPNP型の2つの種類がありますが、信号の周波数に応じてさらに分類されています。この4つに分類されたトランジスタは、種類が判別できるようにそれぞれ、**2SA、2SB、2SC、2SD**という型式がつけられています。この型式は**JEITA（電子情報技術産業協会）**の**EDR-4102**によって規定されています。

またそれぞれのトランジスタは**小信号用**と**大信号用**というように、振幅に応じて分類されることもあります。信号の振幅に基準はありませんが、パッケージに大きな違いがあります。小信号用は発熱が小さいためTO-92のようなサイズの小さいケースにパッケージングされます。一方で大信号用は発熱が大きいため、ヒートシンクと接続可能なTO-220などにパッケージングされます。

▶▶ 半導体部品の型式

第1項は半導体部品の種類を判別します。0はフォトダイオードやフォトトランジスタなどの光半導体部品です。1はダイオード（2端子）、2はトランジスタやFET（3端子）で、いずれも端子数よりも1小さい値となります。

第2項のSは半導体を英訳したSemiconductorの頭文字を取ったものです。

第3項は上記の分類方法に該当する項です。トランジスタ以外の半導体部品としては2SFがサイリスタ、2SGと2SHがIGBT、2SJと2SKがFETの種類を表しています。

第4項は各半導体部品の登録番号を表します。11から順に連番となっており、番号が大きいほど新しい製品です。

第5項は各部品の特性の違いを表すための添え字です。トランジスタの場合は電流増幅率のランクによって型式が分かれているものもあります。

トランジスタの型式

タイプ	高周波		低周波	
PNP	2SA		2SB	
NPN	2SC		2SD	

トランジスタのパッケージ

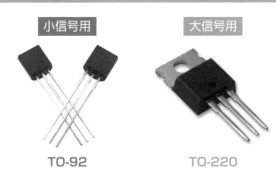

小信号用　　　　　大信号用

TO-92　　　　　TO-220

半導体部品の命名規則

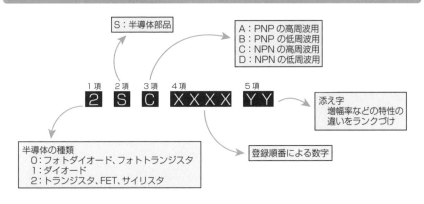

S：半導体部品

A：PNP の高周波用
B：PNP の低周波用
C：NPN の高周波用
D：NPN の低周波用

1項　2項　3項　4項　　　5項

2　S　C　XXXX　YY

添え字
増幅率などの特性の
違いをランクづけ

半導体の種類
0：フォトダイオード、フォトトランジスタ
1：ダイオード
2：トランジスタ、FET、サイリスタ

登録順番による数字

第5章　トランジスタの基本

トランジスタの代表的な回路

トランジスタを使った代表的な回路には、エミッタ接地回路、ベース接地回路、コレクタ接地回路の3つがあります。

▶▶ 回路構成と用途

3つの回路はトランジスタのどの端子が接地されているかによって分かれています。このうちもっともよく使用されるのが**エミッタ接地回路**です。エミッタ接地回路は電圧増幅率と電流増幅率がともに高く、入出力のインピーダンスも高すぎないため使いやすい回路といえます。ただ周波数特性は優れないため、高周波信号には適していません。また出力信号が反転する性質をもつため、用途によっては使えないこともあります。

コレクタ接地回路は**エミッタフォロワ**とも呼ばれる回路で、ベース端子に入力された信号がエミッタ端子から出力されます。コレクタ接地回路は入力インピーダンスが高く、出力インピーダンスが低いため、インピーダンス変換を目的としたバッファ回路（中継機）として使用されることが多いです。また出力インピーダンスが低いため、スピーカーのような大電流を必要とする電力増幅回路にも適しています。

ベース接地回路は入力インピーダンスが低く、出力インピーダンスが高いため使い勝手の悪い回路とされています。電子回路では出力インピーダンスが低く、入力インピーダンスが高いほど電圧降下が小さくなり、これを**ロー出しハイ受け**と呼びます。一方でベース接地回路は**ハイ出しロー受け**の性質をもつため、電圧降下が非常に大きく、それによって正確な信号伝送が難しくなります。このため一般的にはあまり使用されませんが、高周波特性に優れるという長所を活かして、エミッタ接地回路の周波数特性を改善する目的で使用されることがあります。

トランジスタの代表的な回路

	エミッタ接地回路	コレクタ接地回路	ベース接地回路
回路	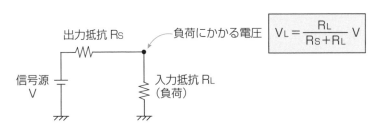		
入力インピーダンス	中程度	高い	低い
出力インピーダンス	中程度	低い	高い
電圧増幅率	高い	低い	高い
電流増幅率	高い	高い	低い
位相	反転	同相	同相
高周波特性	×	○	○

入出力インピーダンスと電圧降下の関係

出力抵抗 R_S　　　負荷にかかる電圧

信号源 V　　入力抵抗 R_L（負荷）

$$V_L = \frac{R_L}{R_S + R_L} V$$

ロー出し　ハイ受け

$R_S = 10\Omega$
$R_L = 1000\Omega$

$$V_L = \frac{1000}{10 + 1000} V \fallingdotseq 0.99V$$

電圧降下ほぼなし

ハイ出し　ロー受け

$R_S = 1000\Omega$
$R_L = 10\Omega$

$$V_L = \frac{10}{1000 + 10} V \fallingdotseq 0.0099V$$

電圧降下によって
信号がノイズに
埋もれてしまう

第5章 トランジスタの基本

トランジスタの種類

ここまではトランジスタの特徴をひとまとめにして解説してきましたが、実際の電子部品では構造によって種類が異なります。

▶▶ トランジスタの種類

トランジスタは、**バイポーラ**、**電界効果 (FET)**、**絶縁ゲートバイポーラ (IGBT)** の3つに分類できます。この3つのタイプは駆動方式と動作原理に違いがあります。

駆動方式はバイポーラが電流駆動であるのに対して、FETとIGBTは電圧駆動です。この駆動方式の違いによって、入力インピーダンス、消費電力、回路方式に差が生じます。

また動作原理に関しては、FETとIGBTはいずれも電圧駆動ですが、FETは電子か正孔のいずれかのキャリアしかもたないユニポーラであるのに対し、IGBTは電子と正孔の両方のキャリアをもつバイポーラとなっています。

ちなみにバイポーラ (Bipolar) はバイが2つ、ポーラが極を意味しているため、

トランジスタの種類

```
トランジスタ ┬ バイポーラトランジスタ ───┬─ バイポーラトランジスタ
             │ (bipolar junction transistor：BJT)  │
             │                                     └─ デジタルトランジスタ
             │
             ├─ 電界効果トランジスタ ────┬─ 金属酸化膜半導体電界効果トランジスタ
             │ (field effect transistor：FET)    │ (metal-oxide-semiconductor field effect transistor：MOSFET)
             │                                   │
             │                                   └─ 接合型電界効果トランジスタ
             │                                      (Junction Field Effect Transistor：JFET)
             │
             └─ 絶縁ゲートバイポーラトランジスタ
                (insulated gate bipolar transistor：IGBT)
```

電子と正孔の2つのキャリアをもつことを意味します。一方でユニポーラ
(Unipolar) はユニが1つという意味なので、電子と正孔のどちらかのキャリアしか
もちません。

各トランジスタの特徴

	バイポーラ	FET	IGBT
駆動方式	電流駆動	電圧駆動	電圧駆動
スイッチング速度	低速	高速	中速
耐電圧	○	×	○
温度安定性	×	○	○
許容電流	△	×	○
オン抵抗	△	×	○

▶▶ バイポーラトランジスタの種類と特徴

バイポーラトランジスタ (BJT) はこれまで説明してきたトランジスタのことで、
ベース、コレクタ、エミッタの3つの端子をもちます。ベース電流によってコレク
タ・エミッタ間に流れる電流を制御するため、電流駆動型のトランジスタに分類さ
れます。

バイポーラトランジスタの長所は、増幅率が高いこととノイズに強いことです。
一方で短所は、入力インピーダンスが低いことと消費電力が高いことです。このう
ち消費電力は、電流駆動型であるがゆえに常に電流を流す必要があり、それによっ
て損失が大きくなりやすいです。

バイポーラトランジスタに抵抗を内蔵したものを**デジタルトランジスタ**と呼びま
す。**デジトラ**と略されることもあります。もともとバイポーラトランジスタはベース
端子に抵抗を接続することが多く、それを一体化したものがデジタルトランジスタ
です。抵抗を内蔵することによって実装面積を削減できるとともに、電圧をかける
と抵抗に電流が流れるため、電圧駆動型トランジスタのように使用できます。この
ようにベース電圧によってデジタル的に制御できることが、デジタルトランジスタ
と呼ばれる所以です。

バイポーラトランジスタの種類

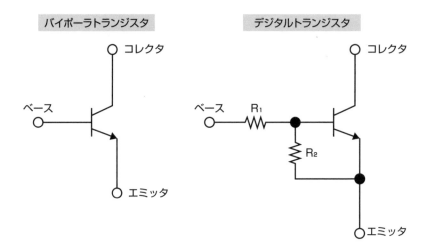

▶▶ FETの種類と特徴

　FETは電界効果トランジスタ（Field Effect Transistor）の頭文字を取ったもので、ゲート、ドレイン、ソースの3つの端子で構成されます。バイポーラトランジスタがベース電流によってコレクタ電流を制御しているのに対し、FETはゲート電圧によってドレイン電流を制御することから電圧制御型に分類されます。

　FETには**接合型**と**MOS型**の2種類があります。

　接合型は**JFET（Junction FET）**と呼ばれています。FETではドレインとソース間のキャリアの通り道を**チャネル**と呼びます。JFETの特徴としては、バイポーラトランジスタと比較して入力インピーダンスが高いことが挙げられ、それによって微小な信号も増幅することができます。ただ近年はMOS型のFETが主流となっているため、使用機会は少なくなっています。

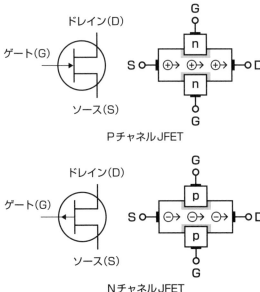

JFETの動作

Pチャネル JFET

Nチャネル JFET

MOSは金属酸化膜半導体（Metal Oxide Semiconductor）の頭文字を取ったもので、薄い酸化膜を介してソースとドレインが配置されています。MOS型にもPチャネルとNチャネルの2種類があり、またエンハンスメント型（ノーマリーオフ）とデプレッション型（ノーマリーオン）の2つタイプが存在するため、計4種類に細分化されます。

MOSFETは電圧駆動型であるために消費電力が小さく、またユニポーラデバイスであるためスイッチングが高速なことが長所です。昨今の電子機器に求められる小型・低消費電力な用途に適しています。一方で短所は、オン抵抗が高いため大きな負荷電流を流すことが難しいことです。各MOSFETの用途としてはPチャネルMOSFETがロードスイッチ、NチャネルMOSFETはスイッチング電源やDC/DCコンバータなどで使用されています。

ちなみにFETにはCMOS（Complementary MOS）もあります。CMOSは同じ半導体チップ上にPチャネルとNチャネルが構成されたもので、半導体IC（集積回路）をはじめとした数多くのデバイスで採用されています。

第5章 トランジスタの基本

MOSFET の種類

型	断面図	出力特性
Nチャネル エンハンスメント型 （ノーマリーオフ）	S G D I_d n+ n+ p 空乏層	ドレイン電流 I_d $V_d=4V$ 3V 2V 1V ドレイン電圧 V_d
Nチャネル ディプレッション型 （ノーマリーオン）	S G D I_d n+ n+ p n-チャネル 空乏層	ドレイン電流 I_d $V_E=1V$ 0V −1V −2V ドレイン電圧 V_d
Pチャネル エンハンスメント型 （ノーマリーオフ）	S G D I_d p+ p+ n 空乏層	ドレイン電圧 $-V_d$ −1V −2V −3V $V_g=4V$ ドレイン電流 $-I_d$
Pチャネル ディプレッション型 （ノーマリーオン）	S G D I_d p+ p+ n p-チャネル 空乏層	ドレイン電圧 $-V_d$ 2V 1V 0V $V_g=-1V$ ドレイン電流 $-I_d$

CMOS の回路構造

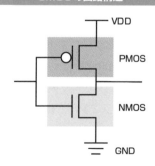

VDD

PMOS

NMOS

GND

▶▶ IGBTの特徴

IGBTは絶縁ゲートトランジスタ (Insulated Gate Bipolar Transistor) の頭文字を取った用語で、回路の前段に電圧駆動型のMOSFET、後段に大電流を流せるバイポーラトランジスタを組み合わせた半導体部品です。IGBTは、ゲート、コレクタ、エミッタの3つの端子で構成されます。

IGBTの回路記号

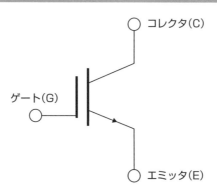

IGBTは電圧駆動型であるため損失が小さく、オン抵抗が低いため大電流を流す用途に向いています。また耐電圧が高いことも長所の1つです。ただしMOSFETと比較するとスイッチング速度が遅いため、スイッチング周波数が50kHz以下のインバータ (IH調理器、洗濯機、エアコン、電気自動車など) 用途で使用されています。

第5章 トランジスタの基本

Appendix

パッケージの種類と名称

　トランジスタは用途が多岐にわたるため、さまざまなパッケージが使用されています。ここでは目にすることの多いパッケージを解説します。

▶▶ トランジスタのパッケージ

　トランジスタのパッケージを大別すると**キャンタイプ**と**モールドタイプ**に分かれます。このうちキャンタイプは金属のケースでパッケージングされたもので、信頼性や耐環境性に優れるものが多いです。一方でモールドタイプはエポキシ樹脂でパッケージングされたもので、キャンタイプよりも信頼性は劣りますがコストパフォーマンスに優れます。

　材質以外に電力によってもパッケージが異なります。モールドタイプでは、小電力用のTO-92、中電力用のTO-220、大電力用のTO-247などがあります。これらのパッケージは内部に搭載されるチップサイズと放熱機構に違いがあり、電力容量が大きいものほどチップサイズと放熱面積が大きくなっています。

トランジスタの代表的なパッケージ

キャンタイプ	TO-3/TO-66	
	TO-5/TO-12/TO-8/TO-33/TO-39	
	TO-18/TO-72	
	TO-46/TO-99/TO-100	
モールドタイプ	TO-3P	
	TO-92	
	TO-220	
	TO-247	
	TO-252	

第5章　トランジスタの基本

マイコンの基本

マイコンはコンピュータに必要な要素が1つのチップ詰まった現代の電子機器に欠かせない電子部品です。近年は開発環境が整備され、インターネットを通じて簡単に情報収集できるようになったことで、電子工作の入門機としての役割も担っています。第6章ではマイコンの基本的な構成や使い方、さらには代表的なマイコンボードについても解説します。

6-1

マイコンとは

マイコンはマイクロコントローラ（Microcontroller Unit、MCU）の略で、電子回路を制御するためのプログラミングが実行可能なコンピュータです。

▶▶ マイコンの構成

マイコンはおもに組み込みシステムで使用される半導体ICです。**IC（Integrated Circuit）** は、トランジスタ、抵抗、コンデンサなどを半導体上に集積化したもので、IC化することで電子回路を小型化・高性能化できます。組み込みシステムは家電をはじめとして産業機器や自動車など特定の機能を実現するための機器全般を指し、マイコンはそのなかで電子機器を制御するコンピュータとしての役割を担います。

マイコンはコンピュータなので、一般的なパソコンと同じように計算をつかさどるCPUをもちます。ただしパソコンのCPUと異なり、メモリ（RAM）、フラッシュ・メモリ（ROM）、入出力インターフェース（GPIO、シリアル通信……）など、組み込みシステムに必要な周辺回路をすべて1枚の半導体チップに内蔵しています。ワンチップに必要な機能が備わっているため、パソコンのように部品を組み合わせずにコンピュータ制御できます。ただし各機能の性能は専用部品に大きく劣るため、実際に使用するうえではマイコンならではの制約もあります。

▶▶ マイコンの制御フロー

電子機器のなかでマイコンはさまざまな役割を担います。たとえばセンサ信号によって制御を行う場合は、センサ信号をA-D（アナログ－デジタル）変換してCPUで演算処理を行うとともに、LEDインジケータを点灯させたり、PWM信号を出力してモータを回転させたりします。またマイコンには通信機能も備わっているため、センサ信号の強度をシリアル通信でパソコンに伝送することも可能です。このようにマイコンは周辺に接続される機器や回路に応じてさまざまな機能を実現でき、組み込みシステムでは特定の機能だけを実現すればよいので、用途にあわせて機能を削除したりプログラムを最適化したりします。

マイコン搭載機器

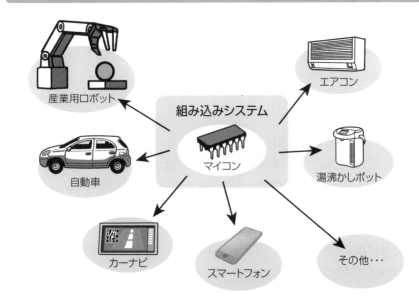

マイコンの構成イメージ図

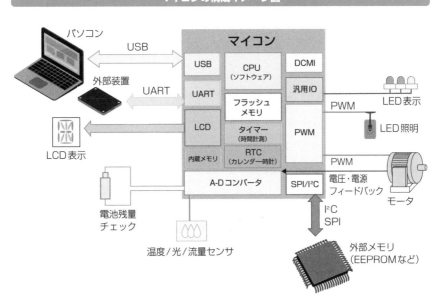

第6章　マイコンの基本

6-2

マイコン開発フロー

マイコンをプログラミングするときは、半導体ベンダーから提供されている専用の統合開発環境（IDE）を使用します。

▶▶ マイコン開発とは

IDEはマイコン開発に必要な機能を1つにまとめたソフトウェアです。マイコン用のIDEにはソースコードを記述するための**エディタ**、プログラムを生成するための**コンパイラ**、コードの不正を発見するための**デバッガ**などの機能が備わっており、効率的にマイコン開発ができるようになっています。

マイコンのプログラミングはIDEのエディタ上で行われます。プログラミング言語としては**C/C++**が一般的ですが、近年はIoT分野で標準的に使用されているPython系の言語の**MicroPython**がサポートされているものもあります。

プログラムの中身は、初心者のうちは難しくてわからないことも多々ありますが、実際に回路を動かしながら理解できることがマイコン開発の利点です。特に電気・電子回路の場合、机上での学習は数式が中心でとっつきづらいですが、マイコンボードを使えば実験を通じて学習することができるため、効率的に回路について理解できるようになります。

▶▶ マイコン開発の始め方

IDEには特定の機能をひとまとめにした**ライブラリ**が整備されており、これらのライブラリを呼び出してプログラミングするのが一般的です。また**Exampleファイル**としてさまざまなプログラムが用意されているので、それを修正しながらいろいろな機能を試してみることもできます。ここでは詳細な手順は解説できませんが、マイコンによっては書籍で解説されていたり、インターネット上にGetting Start（始め方）が公開されていたりするので、それらを参考にプログラミング手法や電子部品の接続方法などを学んでいくのがおすすめです。

IDEによるマイコン開発

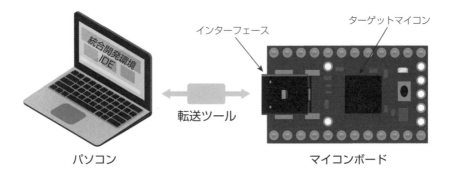

インターフェース

ターゲットマイコン

統合開発環境
IDE

転送ツール

パソコン

マイコンボード

マイコンのプログラムの例

コメント行（プログラムの
概要が記載されている）

```
1   /*
2       AnalogReadSerial
3
4       Reads an analog input on pin 0, prints the result to the Serial Monitor.
5       Graphical representation is available using Serial Plotter (Tools > Serial Plotter menu).
6       Attach the center pin of a potentiometer to pin A0, and the outside pins to +5V and ground.
7
8       This example code is in the public domain.
9
10      https://www.arduino.cc/en/Tutorial/BuiltInExamples/AnalogReadSerial
11  */
12
```

マイコンの
初期セットアップ

```
13  // the setup routine runs once when you press reset:
14  void setup() {
15      // initialize serial communication at 9600 bits per second:
16      Serial.begin(9600);
17  }
18
```

プログラムの
メイン文

```
19  // the loop routine runs over and over again forever:
20  void loop() {
21      // read the input on analog pin 0:
22      int sensorValue = analogRead(A0);
23      // print out the value you read:
24      Serial.println(sensorValue);
25      delay(1);  // delay in between reads for stability
26  }
```

第6章 マイコンの基本

6-3

代表的なマイコンボード

電子工作でマイコンを使用する場合は、マイコンがプリント基板上に実装されたマイコンボードを使用することが一般的です。

▶▶ マイコンボードとは

マイコンボードはプログラム開発用に必要最低限のハードウェア（電源回路、入出力回路など）が実装されたプリント基板です。IDEによってはマイコンボードの**回路情報（ボードデータ）**が事前に登録されていて、Exampleファイルを使えばすぐにLEDを点灯させたり、シリアル通信できたりします。

マイコンボードの利点は安価で、かつ誰でも利用可能なことが挙げられます。部品が共通化されているため、価格は個別に各部品を集めるよりもはるかに安いです。また周辺部品がすでに実装、配線されているため、はんだづけなしで回路を動作させることができます。

マイコンボードによっては機能を追加するための**拡張基板**が販売されているものもあります。これらの拡張基板はマイコンボードのコネクタにあわせて入出力端子が設計されており、さまざまな機能をすぐに試せることが利点です。

▶▶ マイコンボードの種類

2024年現在、マイコンボードとして広く普及しているのは**アルデュイーノ（Arduino）**、**ラズベリーパイ（Raspberry Pi）**、**ESP32**、**M5Stack**です。各マイコンボードとも価格や性能に違いはありますが、いずれも書籍やインターネットを通じて情報収集しやすいため、電子工作の初心者には最適です。またアルデュイーノやラズベリーパイはマイコンボードに接続可能な各種センサ、モータ、LCDなどがセットになった**スターターキット**も販売されているため、電子部品の学習にも適しています。

マイコンボードとは

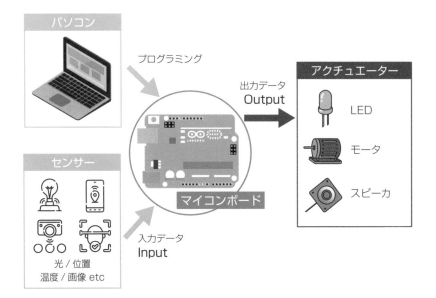

パソコン

プログラミング

センサー

光 / 位置
温度 / 画像 etc

入力データ
Input

マイコンボード

出力データ
Output

アクチュエーター

LED

モータ

スピーカ

代表的なマイコンボード

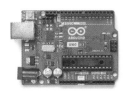

アルデュイーノ
Arduino

ラズベリーパイ
Raspberry Pi

ラズベリーパイ ピコ
Raspberry Pi Pico

エムファイブスタック
M5Stack

イーエスピーサンニー
ESP32

第6章 マイコンの基本

アルデュイーノとは

アルデュイーノはもっともベーシックなマイコンボードです。現在はそこから派生してさまざまな特徴をもったシリーズが存在します。

▶▶ Arduino UNO

Arduino UNO（アルデュイーノ・ウノ）は学習、教育用のマイコンボードとして2010年に発売されました。AruduinoにはAVRマイコン（旧アトメル社、現マイクロチップ社）が搭載されており、プログラミング言語にはC/C++をベースとした独自のArduino言語が使用されています。

Arduion UNOはアルデュイーノシリーズのなかでも汎用的なモデルです。電子工作ではセンサやスイッチから信号を受け取ってCPUで演算処理したり、LEDやモータなどのデバイスを制御したりしますが、Arduino UNOにはそれらのプログラムがあらかじめ多数用意されているため、初心者でも動作させやすいことが特徴です。またArduino UNOのIO端子に直接接続できるシールドと呼ばれる拡張基板があります。またこれらのシールドはライブラリが用意されているため、機能の追加もチャレンジしやすい環境が整備されています。

Arduion UNOはオープンソースプロジェクトであるため回路図や基板の設計データが公開されており、それらのデータをもとにオリジナルArduino基板やシールドを自作することも可能です。

ちなみに最新版のArduino UNO R4ではマイコンがルネサス製のものに変わっており、CPUの処理速度、メモリやフラッシュ・メモリのサイズ、入出力端子数などの性能が大幅に向上しています。

▶▶ そのほかのArduinoシリーズ

アルデュイーノは用途に応じてさまざまなタイプが選べます。代表的なものとしてはIO端子数を重視したArduino Mega、小型化を重視したArduino Nano、Wi-FiとBluetoothによる無線通信機能を有したIoT機器向けのArduino MKR WiFi 1010などがあります。

アルデュイーノの種類

Arduino UNO R3

Arduino UNO R4

Arduino Mega

Arduino MKR WiFi 1010

Arduino Nano

第6章　マイコンの基本

6-5

ラズベリーパイとは

ラズベリーパイ（通称ラズパイ）はほかのマイコンボードより性能が高く、OSが動作することからシングルボードコンピュータともいわれます。

▶▶ ラズベリーパイシリーズ

ラズベリーパイにはいくつかの種類がありますが、スタンダードモデルに位置づけられるのが**ラズベリーパイ（Raspberry Pi）**シリーズです。ラズベリーパイシリーズはマイコンよりも高性能な**SoC（System on Chip）**を使用しています。

ラズベリーパイのいちばんの特徴はOSが動作することで、ディスプレイやキーボードを接続すれば普通のパソコンのように文書作成やインターネットを利用することができます。またそれらの拡張性の高さに対応できるように、基板にはUSBコネクタをはじめとして多数のインターフェースコネクタが設けられています。まさに1台でなんでもできる**シングルボードコンピュータ**です。

ラズベリーパイは電子工作の教育用として開発されましたが、その性能の高さから企業の製品開発のなかでも利用されており、IoT機器向けのサーバーや産業機器向けのコントローラなど幅広い用途で活用されています。また最近は産業機器向けの拡張ボードなども販売されており、**インダストリー4.0**などのスマートファクトリの実現に向けてますます注目が集まっています。

2014年の発売以降バージョンアップを経て、現在は**ラズベリーパイ5**が最新版となっています。これまでのバージョンアップでCPUをマルチコア化したり、無線機能を搭載したり、USB-Cによる給電に対応したりと時代を経るごとに使いやすくなっています。またラズベリーパイはパソコンのようにメモリ容量を選択できます。

▶▶ そのほかのラズパイ

ラズベリーパイには用途に応じてさまざまな種類があります。キーボード一体型の**ラズベリーパイ400**、組み込み専用の**Compute Module**、小型の**ラズベリーパイZero**、マイコンボード化された**ラズベリーパイPico**などがあります。

ラズベリーパイ4の基板

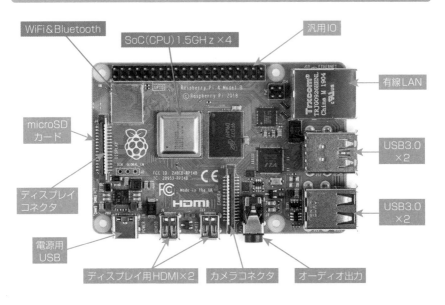

WiFi&Bluetooth

SoC(CPU)1.5GHz×4

汎用IO

有線LAN

microSD
カード

USB3.0
×2

ディスプレイ
コネクタ

USB3.0
×2

電源用
USB

ディスプレイ用HDMI×2

カメラコネクタ

オーディオ出力

ラズベリーパイの種類

Raspberry Pi 5

Compute
module IO Board

Raspberry Pi 400

Raspberry Pi Zero 2 W

第6章　マイコンの基本

6-6

ESP32 と M5Stack

ESP32は無線通信モジュールが内蔵された小型のマイコンボードです。安価で、か
つ高性能であるためIoT用途で人気が高いです。

▶▶ ESP32とは

ESP32は2016年に発売された小型のマイコンボードです。**無線通信（Wi-Fi/
Bluetooth）モジュール**が内蔵されており、追加部品なしでネットワーク接続でき
るため、IoT向けの電子工作を中心に広く利用されています。

ESP32は同サイズのほかのマイコンボード（Arduino Nano、ラズベリーパイ
Pico）と比較して動作周波数やメモリ容量などのハードウェア性能が高いことが特
徴です。またモジュール単体で500円程度、開発キットで1,600円程度とコスト
パフォーマンスの高さも人気の理由の1つです。

ESP32は**Arduino開発環境**を使ってプログラミングできます。また先述した
Python系言語の**MicroPython**でのプログラミングにも対応していることから、
特にC言語になじみの薄いソフトウェア技術者にとっても扱いやすいマイコンボー
ドといえます。ただしArduinoと比較して日本語の技術情報が少ないため、電子工
作の初心者よりも中級者以上に適したマイコンボードです。

▶▶ M5Stackとは

M5StackはESP32 チップセットを搭載した小型のマイコンモジュールです。
M5Stackはマイコン開発に必要な周辺機器（バッテリー、液晶、スピーカー、
MicroSDカードスロットなど）を初めからすべて搭載しているため、初心者にも取
り扱いやすくなっています。

また**Grove**と呼ばれる拡張モジュールがあり、それらを接続することではんだづ
けなしに機能を拡張することができます。このGroveモジュールには、電流計、マ
イク、指紋センサ、GPS、キーボード、ジョイスティックなど多数の入出力デバイス
が存在するため、M5Stackは電子工作の入門機として最適といえます。

ESP32の種類

ESP32モジュール

ESP32開発キット

EPS32の活用イメージ

クラウド
サービス

EPS32

M5StackとGroveキット

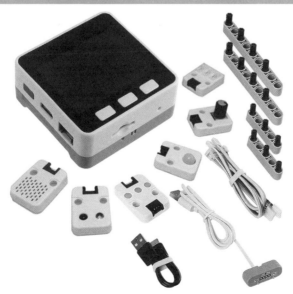

Appendix

AIプログラミング

2023年は生成AIの登場によってさまざまな業界に変革が訪れました。そしてマイコンのプログラミングにもAIの活用が広がり始めています。

▶▶ AIを使ったプログラミングの利点

2023年はChatGPTをはじめとした**生成AI**が世の中に大きく普及した年になりました。そのなかで電子工作にもAIを活用することができます。

もっともわかりやすいAIの活用方法がプログラミングです。プログラミングはAIの得意分野の1つで、電子工作のプログラミングにも対応しています。このAIを利用したプログラミングの利点は、プログラミングという手段にとらわれることなく、電子工作の本質的な部分にフォーカスできることです。

たとえばESP32を用いてLEDの点滅（通称：Lチカ）をプログラミングする場合は、AIに「ESP32でLチカするプログラムを教えて」と入力すると自動でプログラムが生成されます。このプログラムでは、初めにGPIOの2番ピンをアウトプットモードに設定して、そのあとに digitalWriteという関数を使ってLEDのオン・オフを制御しています。また点滅間隔はdelay関数を使って1000ミリ秒、つまり1秒待機するように設定されています。このように制御したい内容を日本語で伝えるだけでプログラムが生成されるため、効率的に電子工作の実験を進めることができるようになります。

またAIにはプログラミング言語の壁がないので「このプログラムを Micro Pythonで作って」と入力すると、C言語のプログラムをMicroPythonに書き換えることも簡単です。質問や問いかけについても、まるで人間と会話するかのように「コレ」とか「アレ」といった表現も伝わるので、特に電子工作初心者の方には非常に心強い味方といえます。

ChatGPTで生成したESP32でLEDを点滅させるプログラム

```
1   #define LED_PIN 2    // LEDを接続するGPIOピンを定義
2
3   void setup() {
4     pinMode(LED_PIN, OUTPUT); // GPIOピンを出力モードに設定
5   }
6
7   void loop() {
8     digitalWrite(LED_PIN, HIGH); // LEDを点灯
9     delay(1000);                 // 1秒待機
10    digitalWrite(LED_PIN, LOW);  // LEDを消灯
11    delay(1000);                 // 1秒待機
12  }
```

MicroPythonに書き換えたプログラム

```
1   from machine import Pin
2   import time
3
4   led = Pin(2, Pin.OUT)    # GPIO2番ピンを出力として使用
5
6   while True:
7       led.on()     # LEDを点灯
8       time.sleep(1)    # 1秒待機
9       led.off()    # LEDを消灯
10      time.sleep(1)    # 1秒待機
```

第6章　マイコンの基本

センサの基本

センサは物理現象を電気信号に変換する電子部品です。近年、通信ネットワークの拡大にともなって電子機器に数多くのセンサが搭載されるようになり、センサによるデータ収集は商品価値に大きな影響を与えるようになりました。また産業分野でもサイバーフィジカルシステム（CPS）の実現に向けてセンサの利用範囲が拡大しています。第7章では代表的なセンサの原理や用途について解説します。

センサとは

センサは物理的、化学的な現象を電気信号に変換する電子部品です。対象となる現象に応じてさまざまな種類があります。

▶▶ センサとは

センサ (sensor) の語源となるセンス (sense) は感覚や知覚という意味をもつ単語であることから、センサは人の五感に相当する電子部品といえます。人の場合は5つの感覚しかありませんが、電子部品のセンサは、温度、湿度、光、圧力、磁気、速度、加速度……とその種類は多岐にわたります。

最近はあらゆるモノがインターネットにつながる **IoT (Internet of Things)** の概念が普及し、センサから収集した**ビッグデータ**を使って新たな価値を生みだす取り組みが活発化しています。またAIの普及にともなってデータの需要が拡大し、電子機器におけるセンサの重要性がますます高まっています。

▶▶ センサの種類

センサにはさまざまな種類がありますが、検出対象となる現象によって種類を分類することができます。ここでは検出対象を、温度、光、距離、音、圧力、振動、磁気、ガスに分類して、それぞれの場面で使用されるセンサを挙げています。

温度センサには接触型の**サーミスタ**と非接触型の**赤外線センサ**があります。この2つのセンサの検出対象は同じですが、原理が異なるため用途に応じて使い分けされます。

光センサには**光電効果**を利用した**フォトレジスタ**と**フォトダイオード**があります。フォトレジスタはCds（硫化カドミウム）を主成分とした光伝導素子で、光量に応じて抵抗値が変化する性質をもちます。一方でフォトダイオードは光を受けることで微小な電流が流れるタイプの光センサで、トランジスタと組み合わせることで**フォトトランジスタ**とも呼ばれます。

そのほかのセンサも検出対象の性質にあわせて選択でき、さらに複数のセンサを組み合わせることで便利な機能やサービスが実現されています。

センサの種類

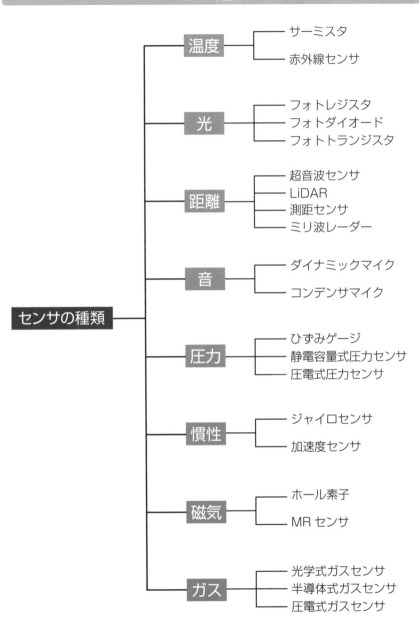

温度センサ

温度センサは温度を電気信号に変換する電子部品です。接触型のサーミスタと非接触型の赤外線センサがおもに使用されています。

▶▶ サーミスタとは

サーミスタはThermally Sensitive Resistorを略した造語で、温度によって抵抗値が変化する性質をもちます。温度によって抵抗値が変化する性質を**温度係数**といい、サーミスタの種類によって温度係数が異なります。**PTC (Positive Temperature Coefficient) サーミスタ**は正の温度係数をもつサーミスタで、室温付近では抵抗値がほとんど変化しませんが、ある一定の温度を超えると対数的に抵抗値が上昇する性質をもちます。一方で**NTC (Negative Temperature Coefficient) サーミスタ**は温度が上昇するに従って対数的に抵抗値が低下する性質をもちます。一般的にサーミスタというとこのNTCサーミスタのことを指し、－50℃～＋150℃程度の温度測定に使用されています。

NTCサーミスタは1℃あたり抵抗値が3～5%程度低下することから、わずかな温度差の検知も得意です。また抵抗体に使用される材料が安価なため、低価格で入手可能です。このように汎用的に使いやすいNTCサーミスタは、スマートフォン、モバイルバッテリー、車載機器、医療機器、家電製品など身の回りにあるさまざまな電子機器の温度測定に使用されています。

▶▶ 赤外線センサとは

赤外線センサは、熱源から放射される赤外線をもとに温度を測定します。赤外線の検出には**サーモパイル**が使用されており、**ゼーベック効果**によって温度差に応じた電気信号が出力されます。赤外線センサはこの電気信号に対して、物体ごとの**放射率**を補正することで対象物の温度を求めます。なお放射率は物体の熱放射のしやすさを0～1の範囲で数値化したもので、放射率が1の物体を黒体と呼びます。赤外線センサは非接触型であるため、高温で近づけない箇所や物体表面の温度測定に適していますが、一方で気体や物体内部の温度は測定できないという制限があります。

サーミスタの外観と構造

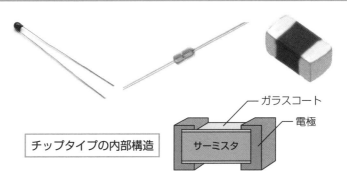

チップタイプの内部構造

ガラスコート
電極
サーミスタ

PTCサーミスタとNTCサーミスタの抵抗温度係数

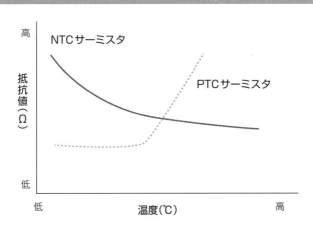

NTCサーミスタ

PTCサーミスタ

抵抗値（Ω）

高

低

低　　　　　温度(℃)　　　　　高

赤外線センサの外観と断面図

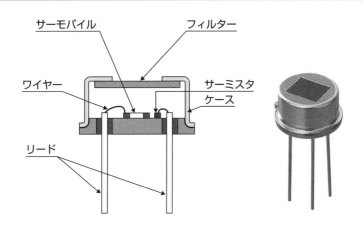

サーモパイル
フィルター
ワイヤー
サーミスタ
ケース
リード

第7章　センサの基本

7-3

光センサ

光センサは光を電気信号に変換するもので、フォトレジスタ、フォトダイオード、フォトトランジスタがあります。またフォトカプラも光センサの一種です。

▶▶ フォトレジスタとは

フォトレジスタは光の強度によって抵抗値が変化する電子部品で、硫化カドミウムを主成分とした**Cdsセル**が使用されています。受光部に当たる光の量が多いほど抵抗値が低くなり、一般的なものであれば1kΩ～1MΩ程度の範囲で抵抗値が変化します。光の波長による感度の違いを示す**分光感度特性**によると540～560nmの緑色の光に対して感度が高く、人の目に近い特性をもつことが特徴です。一方で応答速度が遅いため、急激に光量が変化する状況では使用が難しい場合もあります。

フォトレジスタの用途としては分圧回路によって光の強度を測定したり、周囲の明るさに応じてLEDが自動点灯する回路などがあります。この自動点灯回路ではトランジスタがスイッチとして機能し、Cdsセルの抵抗値によってLEDが点灯したり、消灯したりします。この理由は周囲が暗くなるとCdsセルの抵抗値が高くなることでトランジスタが導通し、それによってLEDに電流が流れるためです。

▶▶ フォトダイオードとフォトトランジスタ

フォトダイオードは半導体のPN接合を利用して光を電気信号に変換するもので、**太陽電池**もフォトダイオードの応用例の1つです。フォトトランジスタはフォトダイオードとトランジスタが一体化したもので、フォトダイオードの微小な信号を増幅して出力できることが特徴です。ただしフォトトランジスタは応答速度や直線性はフォトダイオードに劣るため、用途に応じた使い分けが必要です。

フォトカプラはLEDとフォトトランジスタが一体化されたもので、回路間を絶縁しつつ信号だけを後段の回路に伝送できます。入出力間で電圧レベルが異なる回路同士を安全に接続するために使用され、特にスイッチング電源などの高電圧を扱う回路で使用されています。

Cdsセルの外観

Cdsセルを使った分圧回路

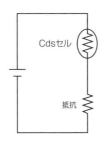

Cdsセル

抵抗

LEDの自動点灯回路の例

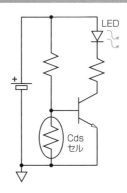

LED

+

Cds
セル

フォトダイオードとフォトトランジスタの回路記号

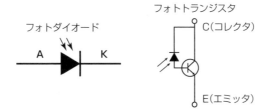

フォトダイオード

A   K

フォトトランジスタ

C(コレクタ)

E(エミッタ)

フォトカプラの動作原理

フォトカプラ

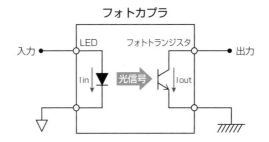

入力

LED

I_{in}

光信号

フォトトランジスタ

I_{out}

出力

第7章 センサの基本

139

距離センサ

距離センサは距離に応じて電気信号の強度が変化する電子部品で、超音波式、光学式（レーザー、赤外線）、電波式の3つ方式が存在します。

▶▶ 超音波センサとは

超音波センサはその名のとおり、**超音波**を使用して物体までの距離を測定する電子部品です。超音波は人間の耳には聞こえない20kHz以上の音のことを指し、**圧電セラミックス**によって超音波を発生させます。超音波センサでは発信した超音波が反射して戻るまでの時間をもとに距離を計算します。時間から距離を算出するため**ToF（Time of Flight）型**と呼ばれます。

超音波は光と違って色の影響を受けないため、対象物が透明なプラスチックやガラスでも距離を測定できます。一方で遠方の対象物の距離測定は苦手で、至近距離から数m程度までを得意とします。小型でコストが安いため、自動車、ロボット、ドローンなどで障害物検知を目的に使用されています。

▶▶ 光学式と電波式の距離センサ

光学式の**距離センサ**は光源にレーザーや赤外線を使用するものがあります。レーザーを使用した距離センサは**LiDAR（Light Detection and Ranging）**と呼ばれ、距離分解能が非常に高いことが特徴です。最近は光源を物理的に回転させて立体的に測位する**3Dマッピング技術**が自動運転の分野で重要な役割を果たしています。

赤外線を使用した距離センサは**測距センサ**と呼ばれています。**位置検出素子PSD（Position Sensitive Detector）**を使って、対象物から反射した赤外線の受光位置をもとに距離を算出します。レンズの種類によって測定可能な距離が変化しますが、数10cm～数m程度のものが一般的です。

電波式ではミリ波（30～300GHz）レーダーを使って距離を測定します。距離分解能が高く、また環境変化にも強いため自動運転車などで使用されています。

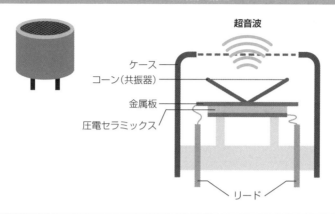

超音波センサの外観と構造

超音波

ケース
コーン（共振器）
金属板
圧電セラミックス

リード

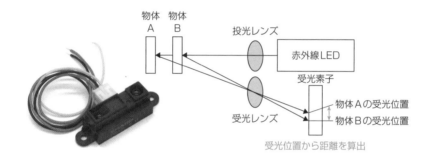

測距センサ

物体A　物体B

投光レンズ

赤外線LED

受光素子

物体Aの受光位置
物体Bの受光位置

受光レンズ

受光位置から距離を算出

距離センサの比較表

方式	超音波式	光学式		電波式
種類	超音波センサ	LiDAR	測距センサ	ミリ波レーダー
測定距離	数m程度	100m以上	数m程度	100m以上
距離分解能	△	○	△	◎
コスト	○	×	○	×
小型・軽量	◎	○	○	△
検出が難しいもの	スポンジなどの吸音材	光が透過するもの（透明な物体）		電波が反射しないもの（非金属）

第7章　センサの基本

音センサ

　音センサはいわゆるマイクロホン（マイク）のことで、音を電気信号に変換する電子部品です。ダイナミック型とコンデンサ型の2種類に分かれます。

▶▶ ダイナミックマイクとは

　ダイナミック型のマイクは、コイルの**電磁誘導**を利用して音を電気信号に変換します。仕組みは非常にシンプルで、外部から入力される音によって振動板とそこに取りつけられたコイルが振動します。このときコイルは永久磁石が作る磁場中に配置されているため、**フレミングの右手の法則**に従ってコイルの両端に電圧が発生し、それが音の電気信号として外部へ出力されます。

　ダイナミック型は電磁誘導によって信号が発生するため、外部電源は必要ありません。また衝撃性に優れるため、耐久性の高いものが多いです。単一指向性でかつ感度も低いためハウリングが発生しづらく、カラオケなどのボーカル用マイクに適しています。

▶▶ コンデンサマイクとは

　コンデンサ型のマイクは、振動板にあたる**可変電極**と**固定電極**によって構成され、電極間に直流電源を接続して帯電させています。外部から音が入力されると帯電した電極が振動し、その振動にともなう電荷の変動が電気信号として出力されます。

　コンデンサ型はダイナミック型と比較して周波数特性に優れるため、音質がよいと評価されています。一方で外部電源を必要とすることやノイズを拾いやすいことなどが短所として挙げられます。長所と短所がはっきりとしているため性能を引きだすのが難しいですが、高品質な放送用マイクとして使用されています。

　なお外部電源を永久帯電した**高分子エレクトレット**に置き換えた**エレクトレット型**のマイクも存在します。エレクトレット型は小型化しやすいことからスマホやICレコーダ用のマイクとして使用されています。

ダイナミック型の構造

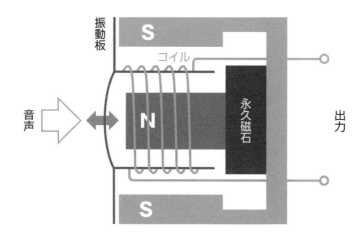

振動板

コイル

永久磁石

音声

出力

コンデンサ型の構造

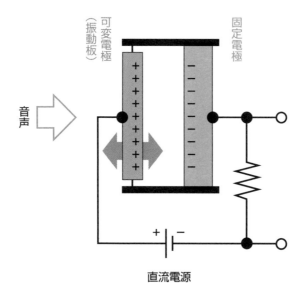

可変電極
（振動板）

固定電極

音声

直流電源

圧力センサ

圧力センサは、物体にかかる圧力を電気信号として出力する電子部品です。方式は抵抗膜式 (ひずみゲージ)、静電容量式、圧電式などがあります。

▶▶ ひずみゲージとは

抵抗膜方式の圧力センサを**ひずみゲージ**と呼びます。抵抗膜が引き伸ばされると抵抗値が上昇し、圧縮されると抵抗値が減少する性質を利用して、抵抗値の変化量から物体にかかる圧力 (応力) を測定します。ひずみゲージ本体は非常に薄い絶縁体の上に抵抗膜を形成したもので、被測定物に接着剤で貼りつけて使用します。

ひずみ量の測定にあたっては抵抗値の変化が非常に微小であるため、**ホイートストンブリッジ回路**を利用します。ひずみゲージの抵抗値をR、伸びまたは圧縮による抵抗値変化を△Rとすると、**ホイートストンブリッジの平衡条件**よりひずみ量 ε が求まります。なおKは**ゲージ率**と呼ばれる比例定数です。

$$\frac{\Delta R}{R} = K * \varepsilon$$

▶▶ そのほかの圧力センサ

静電容量式は、気体などの流体の圧力を測定するために使用されます。圧力の変化に応じて変形する振動板の変位量から圧力を求めます。気体 (ガス) の種類の影響を受けないため、複数のガスや混合ガスの圧力測定に適しています。

圧電式は圧力に比例して電荷を発生させる**圧電 (ピエゾ) 素子**を利用した圧力センサです。この圧電素子にはおもに水晶が使用されます。応答性が優れる一方で、振動や加速度変化に対して敏感に反応してしまうため用途が制限されることもあります。代表的な用途としては気体や液体などの動的圧力の測定があります。

ひずみゲージの原理

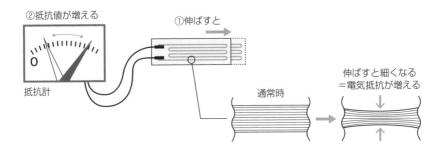

②抵抗値が増える

①伸ばすと

抵抗計

通常時

伸ばすと細くなる
＝電気抵抗が増える

ホイートストンブリッジ回路

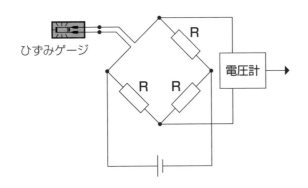

ひずみゲージ

R

R　R

電圧計

静電容量式圧力センサの構成

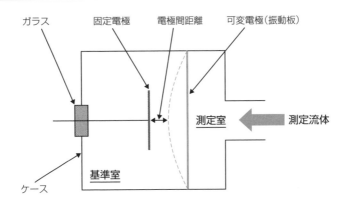

ガラス

固定電極

電極間距離

可変電極（振動板）

測定室

測定流体

基準室

ケース

慣性センサ

慣性センサは動きの変化量を電気信号に変換する電子部品です。ジャイロセンサや加速度センサをひとくくりにして慣性センサと呼ばれています。

▶▶ ジャイロセンサとは

ジャイロセンサは**角速度センサ**とも呼ばれ、物体の回転や向きの変化を**角速度**として検出します。角速度は単位時間あたりの回転角のことで、単位は **[rad/s]** で表されます。ジャイロセンサには、**機械式**、**光学式**、**振動式**の3つの方式がありますが、このうち振動式がもっとも一般的です。

振動式ジャイロセンサは振動子が回転することによって発生する**コリオリの力**をもとに角速度を求めます。コリオリの力は回転系の物体に現れる見かけの力です。ジャイロセンサはコリオリの力を静電容量方式によって検出します。具体的には振動子に対して向かい合うように2枚の検出電極を配置し、振動子が回転したときの静電容量C_1とC_2の差からコリオリの力を検出して角速度を求めます。

ジャイロセンサは物体の動きを検知できるため、電波の届かない場所でカーナビの位置表示をしたり、カメラの手ぶれを補正したり、ドローンの姿勢を制御したりする用途で使用されています。

▶▶ 加速度センサとは

加速度センサは単位時間における速度の変化率を検出するもので、信号処理を行うことで向きや傾き、振動や衝撃などを求めることができます。加速度センサには自動車の衝突検知に使用される**圧電式**、スマートフォンなどの低コスト製品向けの**ピエゾ抵抗式**、自動車の車体制御に使用される**静電容量式**、ヘルスモニタリングや地震観測に使用される**周波数変化式**などがあります。

なおジャイロセンサと加速度センサを組み合わせたものを**モーションセンサ**と呼び、3次元的に複雑な動きを検出できるものもあります。また磁気センサやガス（気圧）センサを組み合わせたものは、自動運転技術にも応用されています。

ジャイロセンサに働くコリオリの力

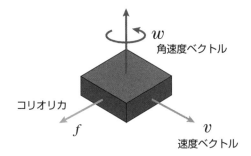

w
角速度ベクトル

コリオリ力

f

v
速度ベクトル

振動式ジャイロセンサの原理

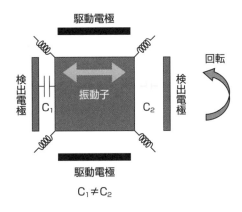

駆動電極

検出電極

振動子

C_1

C_2

検出電極

回転

駆動電極

$C_1 \neq C_2$

モーションセンサの活用例

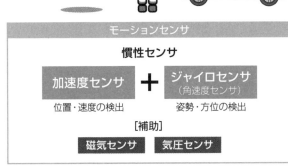

モーションセンサ

慣性センサ

加速度センサ ＋ ジャイロセンサ
（角速度センサ）

位置・速度の検出　　姿勢・方位の検出

［補助］

磁気センサ　気圧センサ

磁気センサ

磁気センサは、空間中の磁界の強さを電気信号に変換する電子部品です。コイルも磁気センサの一種ですが、ここではホール素子とMRセンサを解説します。

▶▶ ホール素子とは

ホール素子はその名のとおり、**ホール効果**を利用した磁気センサです。ホール効果とは、電流が流れている半導体に垂直に磁界を印加したときに、電位差が生じる現象のことです。このホール効果によって生じる電位差のことを**ホール電圧**と呼び、ホール素子はこのホール電圧をもとにして磁界の強さを測定します。

ホール素子から出力される信号は微小であるため、ホール素子とオペアンプを一体化した**ホールIC**を使用することが一般的です。ホールICは単体で磁界の強さや極性を判別できることから、回転検出、位置検出、開閉検出、電流検出、方位検出など用途は多岐にわたります。また信号の出力方式は、磁界の強さに比例して出力電圧が高くなる**リニア方式**と、しきい値をもとにHighとLowを出力する**スイッチング方式**があります。

▶▶ MRセンサとは

MRセンサは**磁気抵抗効果**を利用して磁界を測定します。磁気抵抗効果とは電流が流れる半導体に対して磁界を印加すると抵抗値が変化する現象のことです。つまりMRセンサは抵抗値の変化をもとに磁界の強さを測定するということです。なおMRセンサ単体では感度が低すぎるため、永久磁石によってバイアス磁界を加えて出力信号を増幅します。

MRセンサとホール素子のおもな違いは磁界の検出向きです。ホール素子は垂直磁界に作用しましたが、MRセンサは水平磁界に対して作用します。この磁界の検出向きの違いは、両者の検出範囲の差となって表れます。MRセンサの用途としては、開閉検出のための非接触スイッチや地磁気検出による方位計などがあります。

ホール素子の原理

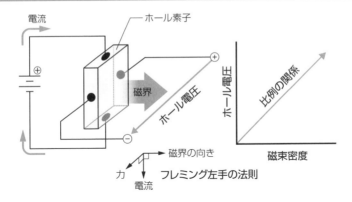

ホールICの出力特性

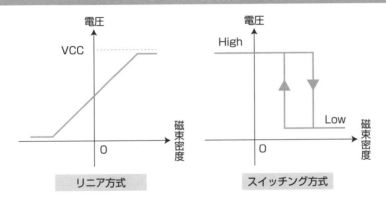

リニア方式

スイッチング方式

MRセンサの原理

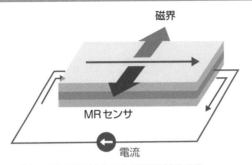

MRセンサに磁界がかかると抵抗値が変化する

第7章 センサの基本

ガスセンサ

ガスセンサは対象となる気体を検知したり、識別したりする電子部品です。二酸化炭素を検出可能な光学式のほかにもいくつかの方式が存在します。

▶▶ 光学式ガスセンサとは

光学式ガスセンサは、NDIR（非分散型赤外線）方式とも呼ばれます。ガス分子が特定の波長の赤外線を吸収することを利用した方式で、二酸化炭素（4.3um）、一酸化炭素（4.6um）、冷媒ガス（3.3um）などを検知することができます。ガスの識別性が高いことが特徴で、科学的に安定したガスも測定できます。NDIR方式のガスセンサは、赤外線光源、赤外線センサ、特定のガスの帯域のみを透過する光学フィルタ、これらの部材を収納するガスセルで構成されます。

二酸化炭素濃度を測定するための**CO₂センサ**では経年劣化によるドリフトを軽減するために、**2波長方式**が採用されています。2波長方式のCO₂センサは二酸化炭素吸収用のフィルタに加えて、比較用のフィルタを別で配置することで、光源の経年劣化を補正できるようになっています。

▶▶ そのほかの方式のガスセンサ

ガスセンサのそのほかの方式には**半導体式**と**電気化学式**があります。

半導体式のガスセンサはヒーターによって熱せられた酸化金属の表面にガスを吸着させて、そのときの抵抗値の変化からガス濃度を検知します。半導体プロセスを用いて製造できるため比較的安価で、低濃度ガスも検知することができます。検出対象となるガスには可燃性ガスや冷媒ガスなどがあります。

電気化学式のガスセンサは、一定の電位に保たれた電極上で検知対象ガスを電気分解し、そのときに発生する電流をガス濃度として検知します。気体透過膜上に触媒を重ね合わせた作用極、参照極、対極があり、内部を電解液で満たした構造となっています。消費電力が低く、毒性ガスの検知に有効な方式です。

NDIR方式の構成

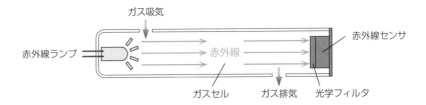

ガス吸気
赤外線ランプ
赤外線
赤外線センサ
ガスセル
ガス排気
光学フィルタ

CO₂センサの外観

半導体式ガスセンサの構成

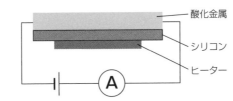

酸化金属
シリコン
ヒーター

電気化学式の構成

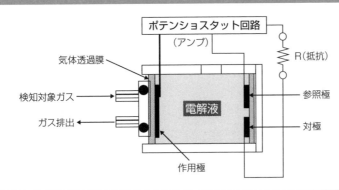

ポテンショスタット回路
(アンプ)
R(抵抗)
気体透過膜
検知対象ガス
参照極
電解液
ガス排出
対極
作用極

そのほかの
半導体部品の基本

半導体部品にはダイオードやトランジスタなどのディスクリート部品と、マイコンなどの半導体IC（集積回路）があります。このうち半導体ICは用途ごとに非常に便利な部品が開発されてきました。第8章では利用頻度の高い半導体ICの原理や使い方、さらに半導体ICを使用するうえで欠かせない発振器について解説します。

8-1

３端子レギュレータの基本

　３端子レギュレータは、直流電圧を変換する電源用ICです。入出力が３つの端子で構成されることが名称の由来です。

▶▶ ３端子レギュレータとは

　３端子レギュレータは回路に一定の電圧を供給するときに使用される部品で、**リニアレギュレータ**とも呼ばれます。**IN（電源入力）**、**OUT（電源出力）**、**GND（基準電圧）**の３つの端子で構成され、特定の電圧を簡単に作りだせることが特徴です。

　３端子レギュレータは出力電圧が基準電圧と一致するようにトランジスタのオン・オフを制御することで、一定の出力電圧が得られるようになっています。実際に使用する場合には入出力端子にコンデンサを接続して電圧を平滑化したり、発振による誤動作を防止する必要があります。また電源回路を保護する目的で、３端子レギュレータと並列にダイオードを接続することもあります。

　３端子レギュレータの長所は、回路が簡単なことと低ノイズであることです。近年の電源回路は高効率な**スイッチングレギュレータ**が主流となっていますが、オーディオや計測などノイズ性能が重視される用途では３端子レギュレータが使用されています。３端子レギュレータの短所は、損失による発熱が大きいことです。放熱対策なしで使用すると熱によって自己破損してしまうため、**ヒートシンク**と呼ばれる放熱器とセットで使用する必要があります。また小型化にも向いていません。

▶▶ ３端子レギュレータの種類

　３端子レギュレータは**78xxシリーズ**と**79xxシリーズ**がよく使用されます。78xxシリーズはプラス電源用、79xxシリーズはマイナス電源用です。xxの部分には出力電圧が表記され、たとえば5V出力の場合は05、12V出力の場合は12となります。また定格電流はxxの前にアルファベットで分類され、表記なしなら1A、Mなら0.5Aというように見分けることができます。

3端子レギュレータの外観と使用例

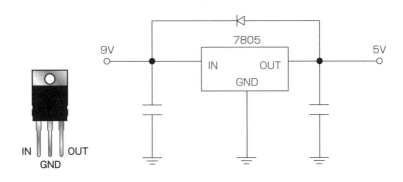

3端子レギュレータの型式

プラス電源　　　　　　　　マイナス電源

78 x x シリーズ　　　　79 x x シリーズ

出力電圧

05：5V 出力

12：12V 出力

78 ⌣ x x

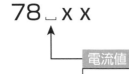

電流値

L：0.1A（100mA）

N：0.5A（500mA）

表記なし：1A

オペアンプの基本

オペアンプは日本語で演算増幅器と訳され、アナログ信号の演算回路や増幅回路に使用されています。

▶▶ オペアンプとは

オペアンプは2つの入力端子と1つの出力端子をもっており、入力端子間の電位差を増幅する作用をもちます。2つの入力端子はプラス端子とマイナス端子に分かれており、プラス端子を**非反転入力端子**、マイナス端子を**反転入力端子**と呼びます。またオペアンプには電源が必要です。オペアンプの電源端子はプラス電源とマイナス電源に分かれており、プラス電源は**Vcc**、マイナス電源は**Vee**といった端子名が用いられます。

理想的なオペアンプの特徴は入力インピーダンスが高いこと、出力インピーダンスが低いこと、ゲインが高いことの3つが挙げられます。理想という表現からもわかるように、現実にはこのような特性をもつオペアンプは存在しませんが、上記のようにとらえることで単純化して回路を設計できるようになります。

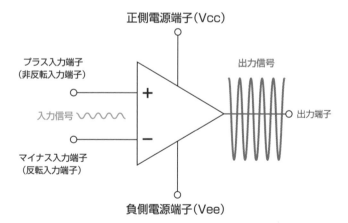

オペアンプの端子

正側電源端子（Vcc）

プラス入力端子
（非反転入力端子）

出力信号

入力信号

出力端子

マイナス入力端子
（反転入力端子）

負側電源端子（Vee）

▶▶ オペアンプの種類

オペアンプは汎用性が高く、その種類は多岐にわたります。ここではオペアンプを使用するうえで知っておくと役立つ分類方法を解説します。

オペアンプの分類方法として、もっともわかりやすいのが**回路数**による分類です。オペアンプは1つのパッケージの中に複数の回路が実装されており、1回路、2回路、4回路のタイプに分かれます。回路数によってピン配置は異なりますが、同じ回路数であれば別メーカーのデバイスを流用することも可能です。

また半導体の種類によっても分類できます。オペアンプの場合、**バイポーラトランジスタ**、**JFET**、**CMOS**の3つのタイプが存在します。この3つのタイプのオペアンプはそれぞれに違った特徴をもちますが、もっとも一般的なのはバイポーラタイプのオペアンプです。

オペアンプの理想と現実

項目	理想オペアンプ	現実オペアンプ
入力インピーダンス	∞ Ω	数MΩ
出力インピーダンス	0 Ω	～数10Ω
ゲイン	∞ 倍	～120dB

回路数による分類

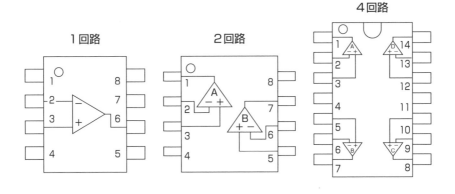

第8章　そのほかの半導体部品の基本

オペアンプの半導体の種類

	バイポーラ	JFET	CMOS
入力オフセット電圧	◯	△	×
入力バイアス電流	×	◯	◯
入力抵抗	×	◯	◯
消費電流	×	△	◯
スルーレート	◯	△	×
電圧性ノイズ	◯	×	△
電流性ノイズ	×	◯	◯
低電圧動作	×	△	◯

　そのほかにも入出力の電圧範囲によって分類されることもあります。**両電源オペアンプ**はもっともベーシックなオペアンプで、正負どちらの電圧も必要とすることから**両電源**と呼ばれています。**単電源オペアンプ**は一方の電源端子のみに電源を供給するタイプのオペアンプです。1つの極性で動作するため、マイコンなどと組み

入出力の電圧範囲による分類

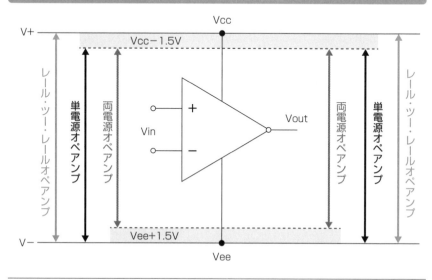

合わせる場合に適しています。**レール・ツー・レールオペアンプ**は電源電圧範囲 (Vcc〜Vee) 全域を入出力電圧範囲として利用できます。ダイナミックレンジが広いという特徴をもち、単電源で動作するものがほとんどです。

　メーカーのWebサイトでは用途別に分類されていることが多いです。用途による分類には明確な基準はありませんが、おおよその特徴はつかめます。このうち**汎用オペアンプ**は入手性に優れ、低コストに抑えられたタイプです。特別な性能を必要としない、汎用的な用途で使用されます。またほかのタイプのオペアンプに対して、特性の基準としてとらえることもできます。

用途別の特徴

分類		用途	特徴
汎用タイプ		汎用	低コスト 入手性
高速タイプ	高速	高速信号	高スルーレート
	広帯域	RF	ゲイン帯域幅が広い
高精度タイプ	低オフセット	計測器	入力オフセット電圧が小さい
	低入力電流	センシング	入力バイアス電流が小さい
	ゼロドリフト		オフセット電圧がゼロ ドリフト最小
ローノイズタイプ		オーディオ	入力換算雑音電圧が小さい
低消費電力タイプ		バッテリ動作	消費電力が小さい

▶▶ オペアンプの代表的な回路

　オペアンプを使った増幅回路には、**反転増幅回路**、**非反転増幅回路**、**ボルテージフォロワ**があります。

　反転増幅回路はオペアンプと2つの抵抗で構成され、入力信号の極性を反転して増幅する作用をもちます。極性というのは、直流回路ではプラスとマイナスの符号、交流回路では位相が180°変化することを意味します。

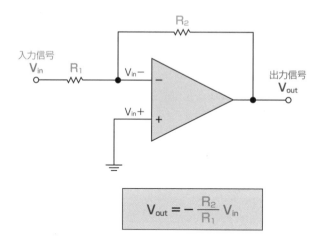

反転増幅回路の構成

$$V_{out} = -\frac{R_2}{R_1} V_{in}$$

　非反転増幅回路は反転増幅回路とは逆に、入力信号の極性を保持したまま信号を増幅する働きをもちます。この非反転増幅回路では、抵抗 R_1 と R_2 の比に1を加えたゲインに従って信号が増幅されます。

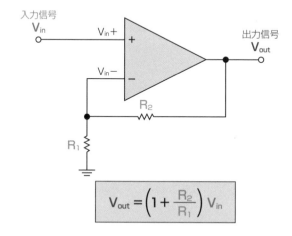

非反転増幅回路の構成

$$V_{out} = \left(1 + \frac{R_2}{R_1}\right) V_{in}$$

　ボルテージフォロワは、非反転増幅回路から抵抗を取り除いた回路構成です。入力信号をそのまま出力する働きをもち、**バッファ回路**として使用されます。バッファ回路の役割は、信号源と負荷の間でインピーダンス変換することです。

　そのほかにも**微分回路**や**積分回路**もオペアンプの代表的な回路です。この2つの回路は電圧と電流が微分・積分の関係にあることを利用して、センサ信号の電圧－電流変換のために使用されます。

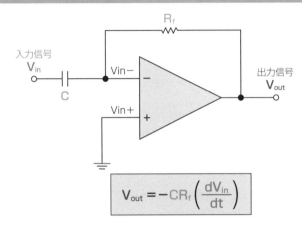

微分回路の構成

$$V_{out} = -CR_f \left(\frac{dV_{in}}{dt} \right)$$

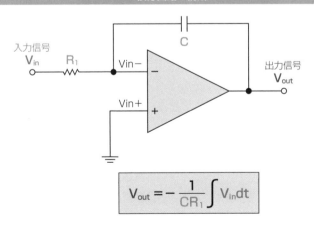

積分回路の構成

$$V_{out} = -\frac{1}{CR_1} \int V_{in} dt$$

第8章　そのほかの半導体部品の基本

A-Dコンバータの基本

A-Dコンバータは、アナログ信号をデジタル信号に変換する半導体ICです。

▶▶ A-Dコンバータとは

アナログ信号は時間に対して連続的に値が変化するのに対して、デジタル信号は時間に対して離散的に値が変化します。そのなかで**A-Dコンバータ**は**標本化**と**量子化**の2つのプロセスを介してアナログ信号をデジタル信号に変換します。

連続的に変化しているアナログ信号を一定時間ごとに区切ることを標本化、あるいは**サンプリング**といいます。このサンプリングはアナログからデジタルへの変換を1秒間に何回実行するかを表しており、**SPS（Sample Per Seconds)** という単位で表されます。電子回路ではADコンバータのサンプリングがクロックに同期して行われるため、クロックの周波数が高いほどアナログ信号をより忠実にデジタル信号で再現できます。

量子化は、アナログからデジタルに変換するときの分解能に相当します。量子化の範囲は**基準電位（GND)**から**電源電圧（Vcc)**までで、それ以下の小さな信号、あるいはそれ以上の大きな信号は下限値と上限値に丸め込まれます。またADコンバータではデジタル化する、つまり2進数化するために分解能が2のべき乗刻みで規定されています。分解能が低いものであれば8bit、分解能が高いものであれば24bit以上のものも存在します。

▶▶ A-Dコンバータの種類

A-Dコンバータはサンプリング周波数と分解能によって種類が分類され、代表的な方式としては**SAR（逐次比較）型**、**ΔΣ（デルタシグマ）型**、**パイプライン型**があります。逐次比較型は分解能とサンプリング周波数のバランスがよく、汎用的に使用されます。デルタシグマ型は、オーディオ機器や計測器など高い分解能が必要とされる用途で使用されます。パイプライン型は**高速A-Dコンバータ**とも呼ばれ、画像処理などの高い演算処理が要求されるときに使用されます。

アナログ信号とデジタル信号

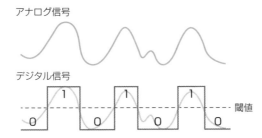

アナログ信号

デジタル信号

閾値

標本化と量子化のイメージ

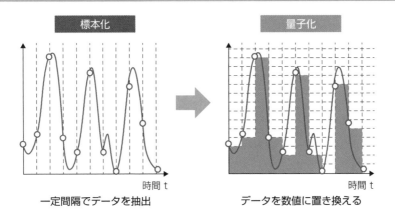

標本化

量子化

時間 t

時間 t

一定間隔でデータを抽出

データを数値に置き換える

A-Dコンバータの種類

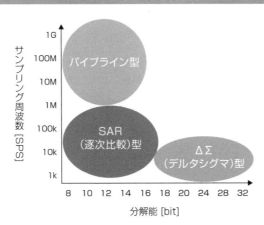

サンプリング周波数 [SPS]

1G
100M
10M
1M
100k
10k
1k

パイプライン型

SAR
(逐次比較)型

ΔΣ
(デルタシグマ)型

8　10　12　14　16　18　20　24　28　32

分解能 [bit]

D-Aコンバータの基本

D-Aコンバータは、デジタル信号をアナログ信号に変換する半導体ICです。おもに
オーディオ信号や無線信号の出力部で使用されています。

▶▶ D-Aコンバータとは

D-Aコンバータは**DAC（ダック）**とも呼ばれ、A-Dコンバータの逆のプロセスを
たどってデジタル信号をアナログ信号に変換します。つまり離散的なデジタル信号
から擬似的なアナログ信号を生成するということです。

D-Aコンバータの性能もサンプリング周波数と分解能によって規定されます。分
解能が高いほどなめらかなアナログ信号を再現でき、ローパス型のフィルタ回路を
組み合わせることで信号の再現性を高めることができます。このフィルタ回路には
受動部品によるRCフィルタやLCフィルタを使用することもあれば、D-Aコンバー
タに内蔵されたデジタルフィルタを使用することもあります。

なおD-Aコンバータは入力がデジタル信号であるため、A-Dコンバータほど注意
すべき点は少ないです。ただしスピーカーのような高負荷デバイスに接続する場合
はD-Aコンバータ単体では十分な出力電流が供給できないため、負荷との間にパ
ワーアンプを挿入するなどの対処が必要になります。

▶▶ D-Aコンバータの種類

D-Aコンバータの種類としては、**抵抗ラダー型**と**ΔΣ（デルタシグマ）型**がありま
す。抵抗ラダー型はその名のとおり、抵抗をラダー上に組み上げた回路で、コストと
性能のバランスがよいため汎用的に使用されています。デルタシグマ型はA-Dコン
バータと同じく分解能が高い方式です。オーディオ機器などで使用されています。

D-Aコンバータの分解能と出力波形

分解能が高いほど滑らかなアナログ信号を再現できる

デジタル信号 ⟹ アナログ信号

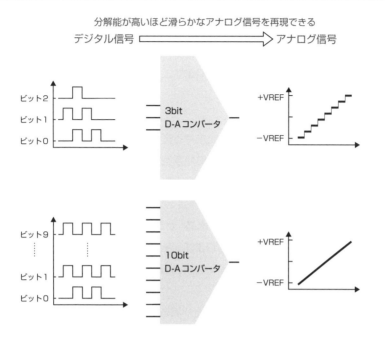

抵抗ラダー型の回路構成

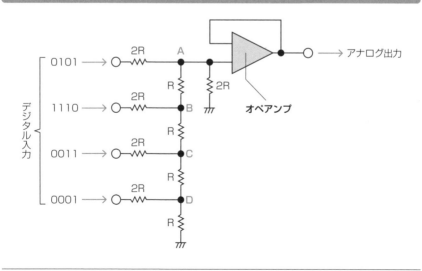

発振器の基本

デジタル信号を扱う半導体ICは一定周期のクロック信号に同期して動作します。このクロック信号は発振器によって生成されます。

▶▶ 発振器とは

発振器は、電圧を加えると振動が発生する圧電現象を利用した電子部品です。一定の周波数で電気的に振動する振動子に発振回路を組み合わせたものを発振器といいます。**オシレータ**とも呼ばれます。最近の電子機器はほとんどがデジタル化されているため、発振器は必要不可欠な電子部品です。

振動子に使用される材質としては、**水晶**、**セラミック**、**シリコン**などがあり、発振可能な周波数や発振精度に違いがあります。また受動部品を組み合わせて発振回路を構成することも可能です。これらの発振回路は発振精度が低いものの周波数の自由度が高いという特徴をもちます。

水晶発振器は周波数安定性が高いことが特徴で、身近な電子機器をはじめとしてさまざまな用途で使用されています。温度補償回路を内蔵した**TCXO**や、発振回路全体を恒温槽に入れた**OCXO**などの種類があり、必要な精度に応じて種類を選択できることも長所の1つです。発振周波数は数10kHz～100MHz程度です。

セラミック発振子は発振精度がそこそこ高いことが特徴です。発振器と違って外づけの抵抗とコンデンサが必要ですが、そのぶん安価です。

シリコン発振器は**MEMS技術**を使ってシリコン半導体上に発振回路を形成したものです。周波数の自由度が高く、安価に製造できることを利点としていますが、それほど普及していません。

▶▶ 発振器の選び方

クロック用の発振器は、**周波数**、**精度**、**コスト**、**ジッタ**をもとに選定します。周波数は機器の消費電力にも影響するためもっとも重要です。精度とコストはトレードオフになるため、用途にあったものを選ぶことが大切です。またジッタ（ゆらぎ）はタイミング要求が厳しい高速信号で重要になります。

発振器

振動子と発振器の違い

水晶振動子

水晶発振器

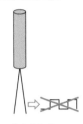

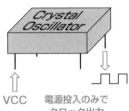

クロック出力には
外づけの発振回路が必要

VCC　電源投入のみで
クロック出力

発振器の種類と特徴

種類	精度	安定度	コスト	発振回路
水晶発振器	◎	◎	△	内蔵
セラミック発振子	○	○	◎	外付け
シリコン発振器	○	○	○	内蔵
RC発振回路	×	×	◎	自作
LC発振回路	△	△	△	自作

第8章 そのほかの半導体部品の基本

スイッチ・リレーの基本

スイッチは外部からの入力によって電気信号の切り替えを行う電子部品です。機械的なスイッチもあれば電子的なスイッチもあり、用途によってさまざまな種類のものが使い分けられています。リレーも磁気を利用したスイッチの一種です。第9章では電子機器で使用されるスイッチの仕組みや、スイッチの切り替え時に発生するチャタリングの対策方法などを解説します。

スイッチの基本

　用途に応じて適切なスイッチを選択するために、まずはスイッチの仕組みや基礎知識を解説します。

▶▶ スイッチの回路構成

　用途に適した**スイッチ**を選択するためには**極（Pole）**と**投（Throw）**についての理解が必要です。極は一度の操作で切り替えることができる回路の数を、投は接点の数を表します。

　スイッチはこの極と投の組み合わせによって表され、単純な1回路1接点のスイッチは**1極単投形**や**単極単投形**と呼ばれます。また英語のSingle Pole Sigle Throwの頭文字を取って**SPST**と表記されることもあります。

　独立した2つの回路を制御できるものは**2極**または**双極（Double Pole）**、2つの接点をもつものは**双投（Double Throw）**と呼ばれ、SPDT、DPST、DPDTあたりが一般的によく使用されるスイッチの構成です。

　さらに複数の回路を同時に制御したい場合は**3極双投**や**4極双投**などの多極スイッチが使用されます。

▶▶ 接点方式

　スイッチは接点の動体特性によって、**a接点**、**b接点**、**c接点**の3つのタイプに分類されます。

　a接点はスイッチ操作時に回路が閉じる接点構成です。スイッチを操作すると負荷が動作する使い方に適しています。**メーク接点**、**ノーマリーオープン**、**NO**と表されることもあります。

　b接点はスイッチ操作時に回路が開く接点構成です。スイッチを操作したときに負荷の動作を止めたい場合に適しています。**ブレーク接点**、**ノーマリークローズ**、**NC**と表されることもあります。

　C接点は1つのスイッチにa接点とb接点の両方の機能をもった接点構成です。**共通端子（COM）**、**常閉端子（NC）**、**常開端子（NO）**で構成され、常にどちらかの接

点に接触しているため、2つの回路を切り替える使い方に適しています。**トランスファ接点**と呼ばれることもあります。

極と投によるスイッチの構成の違い

①単極単投 SPST 1回路1接点

3　／　1

端子例
2本

②単極双投 SPDT 1回路2接点

1
2
3

端子例
3本

③2極単投 DPST 2回路1接点

3　　1
6　　4

端子例
4本

④2極双投 DPDT 2回路2接点

1
2
3
4
5
6

端子例
6本

接点方式による動作の違い

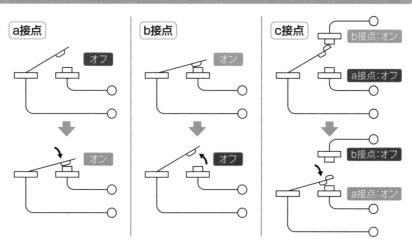

a接点　　　オフ　→　オン

b接点　　　オン　→　オフ

c接点　　　b接点:オン　a接点:オフ　→　b接点:オフ　a接点:オン

▶▶ 操作時の動作

スイッチの動作には**モーメンタリ動作**と**オルタネート動作**の2つがあります。

モーメンタリ動作のスイッチは押している間だけオンになり、手を離すとオフに戻ります。ゲーム用のコントローラや電子ピアノのフットペダルなどがモーメンタリ動作するスイッチです。

オルタネート動作のスイッチは一度押すとオンになり、そこから再度押下するまでオン状態が維持されます。もう一度押すとオフに戻ります。家電製品の主電源スイッチのように、長時間オン状態を維持する必要がある場合に使用されます。

▶▶ 定格と負荷

ほかの電子部品と同様にスイッチも**定格値**が規定されています。この定格値は抵抗負荷を接続したときの電圧や電流の上限を定めたもので、回路中に流れる電流がスイッチの定格電流の80%以下となるように選択することが一般的です。

コイル、トランスなどの誘導負荷が接続される場合には、スイッチのオン・オフによって誘導起電力が発生し、スイッチの接点で**アーク放電**が発生することがあります。またランプやモータを負荷とする場合は、スイッチをオンにした瞬間に定常電流よりもはるかに大きな**突入電流**が流れます。そのためこのような負荷の場合は、負荷別の定格値を参考にして使用可否を判断します。また抵抗負荷の定格値しか記載されていない場合は、突入電流を概算して定格を超えないか判断する必要があります。

微小負荷にスイッチを接続すると、酸化や硫化によって接触不良を起こすことがあります。そのためこうした場合は、酸化や磁化の影響を受けづらい金メッキ接点などを選択する必要があります。

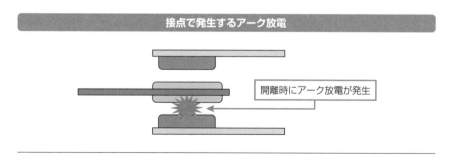

接点で発生するアーク放電

開離時にアーク放電が発生

オルタネート動作

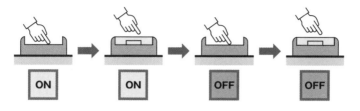

モーメンタリ動作

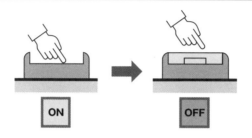

ランプ負荷に流れる突入電流

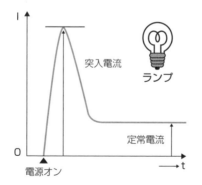

スイッチの種類

　ここでは人の手を介して操作するスイッチのなかでも使用頻度の高いものを中心に動作原理や使い方を解説します。

▶▶ さまざまなスイッチの特徴

　タクトスイッチは操作部を押し込んだときにクリック感がある、**モーメンタリ動作**する微小負荷用のスイッチです。プリント基板に実装して使用することが一般的で、**基板自立タイプ**と**表面実装タイプ**があります。スイッチがオフのときは左右の端子間が絶縁されていますが、スイッチがオンするとすべての端子が導通します。電気的な機能は高くないですが、接点の寿命が長いため家電製品をはじめとしてさまざまな機器で使用されます。

　プッシュスイッチは、操作部を押し込むことで回路を切り替えるスイッチです。スイッチの状態を示すためにLEDが組み込まれたものもあります。大容量負荷のオン・オフにも使用できることから、工作機械の制御盤などでよく使用されます。

　ロッカスイッチは、操作部を押すことでシーソーのように回路が切り替わるスイッチです。スイッチの状態が見分けられるように操作部に○と—が表記されており、○がオフ、—がオンを意味しています。小型ながら大容量を扱えるため、さまざまな機器の主電源スイッチとして使用されます。

　スライドスイッチは、操作部のつまみをスライドさせることで回路を切り替えるスイッチです。マイクの電源スイッチなどで使用されます。

　トグルスイッチは、操作部のレバーを左右に倒すことで回路を切り替えるスイッチです。レバーキャップやレバーロックがついたものなどさまざまな形状があり、**単極双投形**のものが一般的です。汎用的にさまざまな回路で使用されています。

　DIPスイッチは、プリント基板に実装して使用するスイッチで、**スライドタイプ**と**ロータリータイプ**に分かれます。スライドタイプは操作部をスライドすることで複数の回路を個別にオン・オフでき、マイコンの設定などでよく使用されます。ロータリータイプは操作部のノブを回転することで出力を切り替えられます。

代表的なスイッチ一覧

タクトスイッチ

プッシュスイッチ

ロッカスイッチ

スライドスイッチ

トグルスイッチ

DIP スイッチ

タクトスイッチの動作

スイッチON

4つの端子間は全て導通する

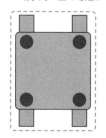

スイッチOFF

左側と右側の端子間は導通していない

この2つの端子間は常に導通している

この2つの端子間は常に導通している

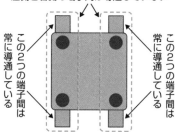

ロッカスイッチの状態識別

ON

OFF

9-3

リレーとは

リレーもスイッチの一種ですが、人の手で操作するのではなくコイルに発生する磁力をもとにスイッチのオン・オフを切り替えます。

▶▶ リレーの仕組み

リレーには**有接点リレー**と**無接点リレー**があります。コイルの磁力を使ったリレーは有接点リレーに該当します。有接点リレーではコイルに一定以上の電流を流すと機械的に接点のオン・オフが切り替わります。具体的にはコイルから発生した磁界によって鉄片が鉄心に引き寄せられ、この鉄片がカードを介して可動接点を押しだすことで接点間が導通して、リレーの接点がオン状態になります。

有接点リレーはコイル部の1次側と接点部の2次側が電気的に絶縁されているため、1次側の小電流で2次側の大電流をコントロールでき、突入電流による発熱や焼損を防ぐことができます。またリモコン操作と組み合わせることで、人への感電防止にも役立てられます。

▶▶ リレーの使い方

ここではリレーの使い方として一般的な商用電源AC100Vのオン・オフを制御する回路を解説します。

リレーの制御には1次側のコイルに電流を流す必要があります。ただしマイコンの出力ポートは駆動能力が限られているためトランジスタを介して電流を増幅します。さらにコイルと並列にダイオードを接続します。このダイオードはスイッチング時に発生する**サージ電圧**から回路を保護するためのものです。このサージ電圧は電源電圧の10倍以上の振幅をもつため、ダイオードは耐圧が十分高いものを選択する必要があります。リレーの性能については、1次側のコイル電圧と2次側の電流容量をもとに選定します。

リレーの内部構成

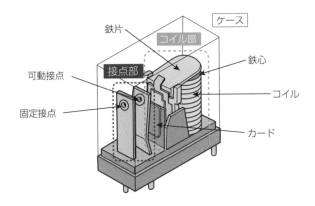

リレースイッチの動作原理

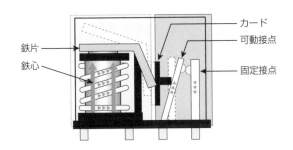

AC100Vをスイッチする回路

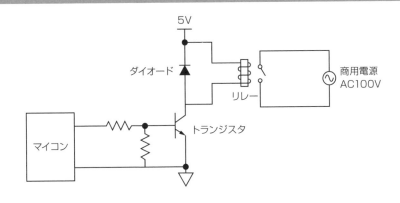

半導体リレーとは

半導体によるリレーは、無接点リレーやソリッドステートリレー（SSR）とも呼ばれます。使用する半導体の種類によっていくつかの種類が存在します。

▶▶ 半導体リレーの仕組み

半導体リレーは、**ダイオード**、**トランジスタ**、**サイリスタ**、**トライアック**などの半導体素子で構成されるスイッチです。有接点リレーが機械的な複雑さをもつのに対して、半導体リレーは回路素子を組み合わせただけのシンプルな構造です。機械的な接点がないため摩耗しないこと、動作速度が速いこと、スイッチの切り替え音が発生しないことが長所として挙げられます。一方で短所は周辺環境の影響を受けやすいこと、漏れ電流が発生すること、オン抵抗によって発熱が生じることです。

半導体リレーの回路構成は、**入力部**、**絶縁部**、**駆動部**、**出力部**に分かれます。

このなかでもっとも重要な役割を果たすのが絶縁部の**フォトカプラ**です。フォトカプラは電気を光に変換して信号伝送する部品で、半導体リレーの1次側と2次側を電気的に絶縁する役目をになっています。

駆動部は**ゼロクロス回路**と**トリガ回路**によって構成されています。ゼロクロス回路は交流負荷を駆動するときにゼロ位相近辺でスイッチをオンにする機能で、急峻な負荷電流の変化を抑制することで高周波ノイズを低減できます。トリガ回路は出力部のサイリスタを制御するための回路で、トリガ信号をサイリスタのゲート端子に出力している間だけ負荷に電流が流れます。**サイリスタ**はダイオードにゲート端子を追加した電子部品で、右図ではサイリスタを双方向接続した**トライアック**が使用されています。また出力部に接続された抵抗とコンデンサは**スナバ回路**と呼ばれるもので、出力部のサージノイズを吸収する働きをもちます。

半導体リレー（SSR）

半導体リレーの回路構成

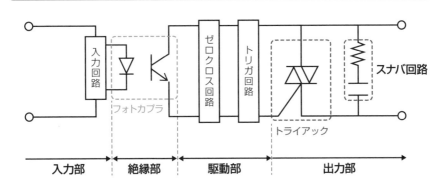

ゼロクロス回路の効果

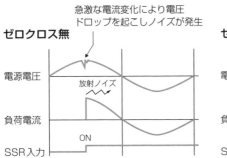

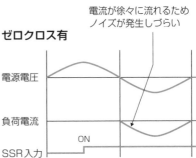

チャタリングの発生原理と対策

チャタリングは機械的な接点をもつスイッチやリレーを使用するうえで非常に厄介な問題で、適切な対策を施していないと不具合や誤動作の原因となります。

▶▶ チャタリングとは

理想的なスイッチはオン・オフが切り替わるとただちに電圧が変化してその状態を維持し続けますが、現実のスイッチでは機械的な接点が弾性振動することによって複数の電気的パルスが発生します。この現象を**チャタリング**と呼びます。チャタリングが発生すると電圧が不安定になるため、たとえばマイコンが状態を誤検知したり、複数回信号を入力されたと勘違いして誤動作したりします。

▶▶ チャタリング対策

チャタリングは、ハードウェアとソフトウェアの両面から対策が行われます。

ハードウェアでの対策としては、**ローパスフィルタ**や**シュミットトリガバッファ**を追加する方法があります。ローパスフィルタには抵抗とコンデンサを使った**RCフィルタ**を使うのが一般的です。コンデンサの静電容量が大きい、または抵抗値が大きいほどフィルタの時定数が大きくなり、チャタリングの影響が見えなくなります。

シュミットトリガバッファは**ヒステリシス特性**をもつバッファです。オンからオフに遷移するしきい値V_{THL}と、オフからオンに遷移するしきい値V_{TLH}が異なるため、チャタリングの影響を受けづらくできます。

ソフトウェアでの対策としては、**マイコン**で信号を読み取るときに複数回チェックを行い、値の安定性を確認する方法があります。つまりチャタリングによって値が変動している期間のデータを無効として、値が安定してからオン・オフを判定するということです。チェック回数を多くするほどチャタリングによる誤動作防止に効果的ですが、一方で値が安定するまでに時間がかかるためリアルタイム性が要求される場合には適さないことがあります。

チャタリングの発生原理

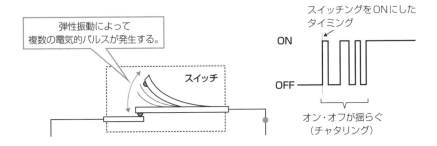

弾性振動によって
複数の電気的パルスが発生する。

スイッチ

スイッチングをONにした
タイミング

ON

OFF

オン・オフが揺らぐ
（チャタリング）

CRフィルタによる対策

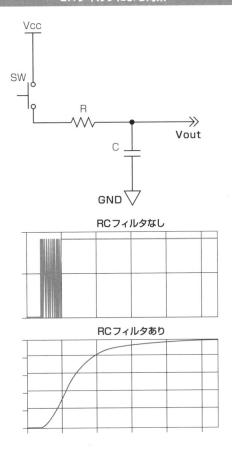

Vcc

SW

R

Vout

C

GND

RCフィルタなし

RCフィルタあり

シュミットトリガバッファの動作

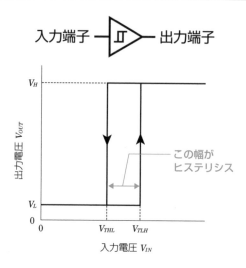

入力端子 ─▷ℐ─ 出力端子

この幅が
ヒステリシス

ソフトウェアによるチャタリング対策

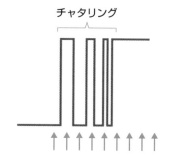

チャタリング

入力信号を、ソフトウェアで複数回チェックし、
値が変わらなくなったらレベルを判定する

モータの基本

モータは電気エネルギーを運動エネルギーに変換する電子

部品です。掃除機や洗濯機などの身の回りの家電製品から、

電気自動車、エレベータ、エスカレータ……まで現代の社会

生活にモータは必要不可欠な存在です。第10章ではモータ

の基本的な原理や制御方法、さらにはさまざまな種類のモー

タの特徴について解説します。

モータの基礎知識

　モータとは、あるエネルギーを運動エネルギーに変換するものを指します。ここでは電気エネルギーを利用した電動モータについて解説します。

▶▶ 電動モータの仕組み

　電動モータは電気エネルギーから運動エネルギーを生みだしますが、その過程で**電磁気の作用**を利用しています。つまり電気から磁界を生みだして、それを運動エネルギーに変えているということです。

　磁界と運動エネルギーの関係は**フレミングの左手の法則**によって説明されます。フレミングの左手の法則は、磁場中の導体に電流を流したときに、導体が受ける力の向きを示すもので、中指が電流、人差し指が磁界、親指が力の向きを表しています。磁石のN極とS極の間に配置された1ターンのコイルに電流を流すと、コイルの両端に逆向きの電流が流れて、上下逆向きの力を発生させます。ここでコイルが回転軸を備えていると、上下に発生した力がトルクとなってコイルを回転させます。ただしこのコイルは90°まで回転すると、力が互いに釣り合って停止します。

　継続的に回転し続けるためには、**整流子**と**ブラシ**が必要になります。整流子は円筒状の電極を分割したもので、ブラシは整流子と電気的に接触するための電極です。この整流子とブラシは回転式のスイッチのように機能し、回転角に応じて電流の向きを切り替えます。つまり常に回転し続けるようにコイルに流れる電流の向きが切り替わるということです。この電流の向きが切り替わることを**転流**といい、電動モータは転流によってなめらかな回転エネルギーが得られるようになっています。

　実際の電動モータは、整流子とブラシに加えて、磁石が取りつけられた**固定子（ステータ）**、**鉄心（コア）**にコイルが巻きつけられた**回転子（ロータ）**、**回転軸（シャフト）**、**軸受（ベアリング）**で構成されています。

モータの回転原理

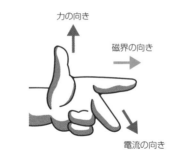

力の向き

磁界の向き

電流の向き

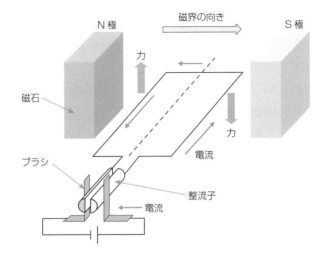

N極

磁界の向き

S極

力

磁石

力

電流

ブラシ

整流子

電流

モータの構造

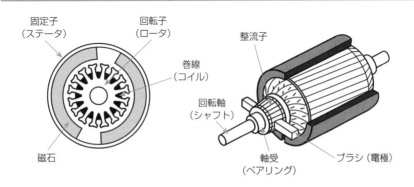

固定子
（ステータ）

回転子
（ロータ）

整流子

巻線
（コイル）

回転軸
（シャフト）

磁石

軸受
（ベアリング）

ブラシ（電極）

▶▶ モータの特性

　モータの性能に関わる特性は多岐にわたりますが、ここでは運動エネルギーの基本となる、**トルク**、**回転数**、**出力**、**効率**について解説します。

　トルクは物体の回転時に働く力の大きさで、**ねじりモーメント**によって表されます。モーメントの大きさは力と距離の積によって決まり、単位は**N・m**です。SI単位系には含まれていませんが、**kgf・m**もトルクの単位として使用されることがあります。モータ始動時に発揮するトルクを**始動トルク**といい、始動トルクが**負荷トルク**よりも小さいとモータは始動できません。

　回転数は、単位時間あたりの回転子の回転回数を表したものです。単位は1分あたりの回転数として**r/min**や**rpm**で表されることが一般的です。無負荷時の回転数を**無負荷回転数**といい、そのときにモータに流れる電流を**無負荷電流**と呼びます。

　出力はモータが単位時間あたりに行える仕事量を表すもので、単位は**W**で表されます。出力は回転数とトルクの積によって求まります。一般的に100Wあたりを境にして、**小型モータ**と**中型・大型モータ**に分類されます。

　効率はモータへの入力電力と出力電力の比を取ったもので、通常は**パーセンテージ（%）**で表されます。効率が高いほど損失が小さいことを意味します。モータの損失には銅損や鉄損のほかに、回転時の摩擦によって生じる機械損があります。

▶▶ モータの種類

　モータは入力する電気エネルギーの性質によって**DC（直流）モータ**と**AC（交流）モータ**に大きく分類されます。

　DCモータはブラシの有無によって、**ブラシつきDCモータ**と**ブラシレスDCモータ**に分かれます。また特殊なブラシレスDCモータとして**ステッピングモータ**もあります。

　ACモータは、**同期モータ**と**誘導モータ**に大別されます。同期モータは回転子に磁石を用いており、インバータで交流の周波数を変えることで回転数をコントロールできます。一方で誘導モータは回転子に鉄を用いたモータで、回転数が交流電源の周波数によって決まります。

電気エネルギーと運動エネルギーの関係

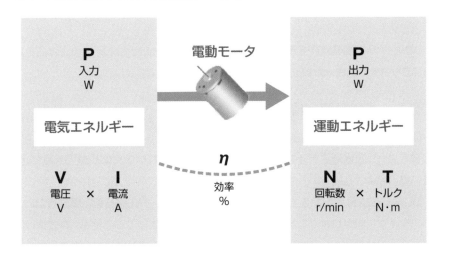

モータの分類

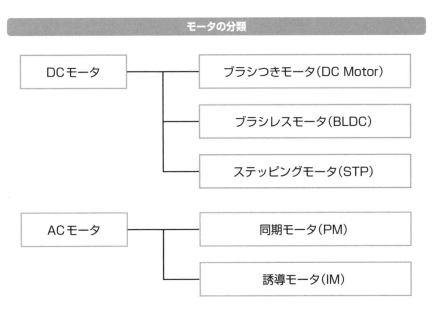

DCモータとは

DCモータは、直流電圧を動力とした電動モータです。整流子とブラシをもつことからブラシつきDCモータやDCブラシモータとも呼ばれます。

▶▶ DCモータの種類と特徴

DCモータは、世の中にもっとも普及している電動モータです。その理由は小型・軽量で、かつ低価格であるためです。乾電池を接続すればすぐに駆動できるなど、使い勝手のよさも長所の1つといえます。

DCモータは磁界を発生させる界磁の種類によって、**永久磁石型**と**電磁石型**の2つのタイプに分かれます。永久磁石型は強力な磁石を用いているため、小型化しやすいことが特徴です。小型DCモータのほとんどは永久磁石型です。電磁石型は巻線に流す電流によって磁界を制御できるため、永久磁石型よりも大きなトルクを発生させることができます。またモータの回転速度やトルクも制御しやすいです。デメリットは巻線によってサイズが大きくなってしまうことです。そのため大きなトルクが必要となる大型DCモータで採用されています。

▶▶ DCモータの制御方法

モータは、**回転数**、**トルク**、**回転角度**などのパラメータをもとに制御が実行されます。簡単な例として扇風機では回転数によって風量の弱、中、強が切り替わりますが、これも1つのモータ制御です。

DCモータの回転数やトルクは**駆動電圧**に比例します。つまり駆動電圧を2倍にすると回転数やトルクが2倍になるということです。駆動電圧の制御方法には**抵抗制御**と**PWM制御**の2つがあります。抵抗制御ではモータと直列に可変抵抗を接続し、抵抗の電圧降下を利用して駆動電圧を制御します。ただし抵抗によって損失が発生するため、効率は低いです。

一方でPWM制御では、半導体スイッチを使ってパルスの**デューティー比**を制御することで駆動電圧の平均値を調整します。マイコンによる制御が容易で、効率も高いことが特徴です。なおモータと並列に接続されたダイオードは**還流ダイオード**

と呼ばれ、モータで発生する逆起電力から半導体スイッチを保護する働きをもちます。

DCモータの種類

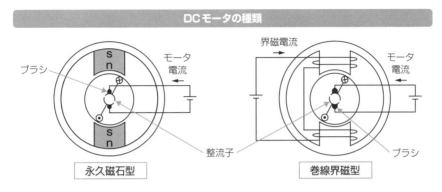

永久磁石型　　　　　　　　　巻線界磁型

ブラシ　モータ電流　界磁電流　モータ電流　整流子　ブラシ

DCモータの制御方法

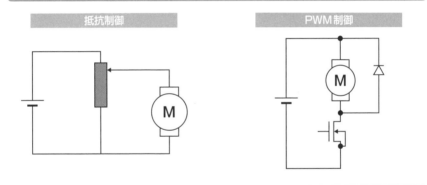

抵抗制御　　　　　　　　　PWM制御

PWM制御の仕組み

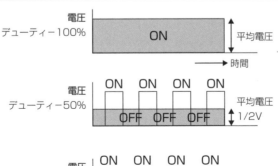

電圧 デューティー100%　ON　平均電圧　時間

電圧 デューティー50%　ON ON ON ON　OFF OFF OFF　平均電圧 1/2V

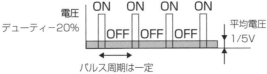

電圧 デューティー20%　ON ON ON ON　OFF OFF OFF　平均電圧 1/5V

パルス周期は一定

10-3

ブラシレスDCモータとは

ブラシレスDCモータは電子制御によって電流の流れを切り替えることで、ブラシレス構造を実現したモータです。

▶▶ ブラシレスDCモータの仕組み

ブラシレスという名のとおり、**ブラシレスDCモータ**には電流の流れを切り替えるためのブラシや整流子が存在しません。この理由は半導体スイッチを使って電流の向きを制御するためです。具体的にはブラスレスDCモータの3つのコイルに対して、位相が120°異なる三相交流電流を流して**回転磁界**を生成します。ブラシレスのメリットは機械的な摩耗がないこと、寿命が長いこと、電気接点によるスパークノイズが発生しないことが挙げられます。一方でデメリットは制御回路が必要になることで、DCモータよりも駆動回路が複雑になるためコストが高くなります。

モータ駆動用の制御回路は**インバータ**と呼ばれます。インバータとは直流を交流に変換するための回路です。ブラシレスDCモータは名称にDCとついているものの、実際はパルスによる擬似的な交流で動作します。パルス駆動にあたっては6つの**スイッチング素子**が必要で、パワートランジスタやIGBTが使用されます。またブラシレスDCモータではロータの位置を検出する必要があり、磁気センサとして**ホール素子**が使用されています。

▶▶ ブラシレスDCモータの構造

ブラシレスDCモータは擬似的な**三相交流**によって動作するため、**2極3スロット**の構造が一般的です。極は永久磁石の極数を表したもので、2の倍数になります。スロットはコイルを巻きつけるための溝のことで、実用的にはコイルの数に相当します。ブラシレスDCモータでは三相交流で動作するため、スロットの数が3の倍数になります。極とスロットの組み合わせは2極3スロットにかぎらず、**2極6スロット**や**4極12スロット**などさまざまな組み合わせが存在します。

2極3スロットブラシレスDCモータの構造

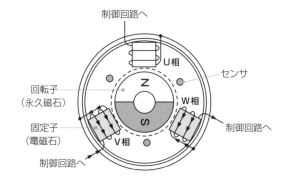

制御回路へ

U相

センサ

回転子
（永久磁石）

N

S

W相

固定子
（電磁石）

V相

制御回路へ

制御回路へ

ブラシレスDCモータの動作原理

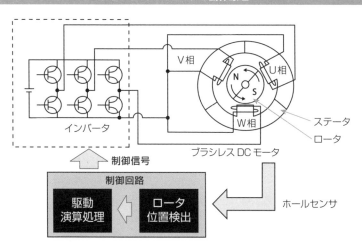

V相

U相

N
S

W相

ステータ

ロータ

インバータ

ブラシレスDCモータ

制御信号

制御回路

駆動
演算処理

ロータ
位置検出

ホールセンサ

ブラシレスDCモータの種類

2極6スロット

4極12スロット

ステッピングモータとは

ステッピングモータはパルス制御によって回転するモータで、ステップモータやパルスモータと呼ばれることもあります。

▶▶ ステッピングモータの仕組み

ステッピングモータもブラシレスDCモータと同様に、パルス電流によって回転磁界を生成します。このため専用のコントローラやドライバが必要になります。ステッピングモータの特徴はパルス数に比例して回転角度が変化することです。つまりパルス数に応じてモータ軸の位置を自由に調整できるということです。ただし負荷が大きすぎると**脱調**と呼ばれる同期ズレが発生することがあります。

ステッピングモータの構造としては**2相駆動**のものが一般的です。コイルの巻線方法には**ユニファイラ巻**と**バイファイラ巻**があり、それぞれ駆動回路に違いがあります。ユニファイラ巻にはバイポーラ駆動方式が採用されます。コイルに対して双方向に電流を流すため回路は複雑になりますが、大きなトルクが得やすいです。

一方でバイファイラ巻にはユニポーラ駆動方式が採用されます。駆動回路が単純なので低価格ですが、コイルの利用効率が低いためトルクは小さいです。なおステッピングモータはパルス数によって回転角度が決まるため基本的にはフィードバック制御は不要ですが、センサを使って精密な回転制御が行えるものもあります。

▶▶ ステッピングモータの種類

ステッピングモータは回転子の構造によって、**PM型**、**VR型**、**HB型**の3種類に分類されます。

PM型は回転子に永久磁石を使用しており、トルクが比較的大きいことが特徴です。また回転位置は保持できますが、回転角度は細かく調整できません。

VR型は歯車状の鉄心が回転子に使用されています。コイルに電流が流れたときだけ磁界が発生するため正確に回転角度を制御できます。ただしトルクは弱いです。

HB型は回転子に永久磁石と歯車状の鉄心を組み合わせており、PM型の高トルクとVR型の精密な角度制御の長所をあわせもちます。

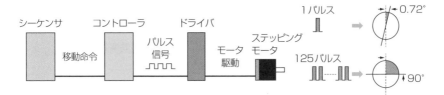

ステッピングモータの制御システム

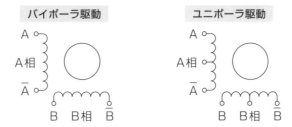

2相ステッピングモータの駆動方式

バイポーラ駆動

ユニポーラ駆動

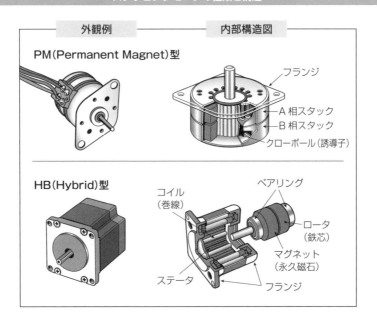

ステッピングモータの種類と構造

外観例　　　　　内部構造図

PM（Permanent Magnet）型

- フランジ
- A相スタック
- B相スタック
- クローポール（誘導子）

HB（Hybrid）型

- コイル（巻線）
- ベアリング
- ロータ（鉄芯）
- マグネット（永久磁石）
- ステータ
- フランジ

10-5

同期モータとは

同期モータは三相交流で動作するACモータの一種です。高効率で負荷変動に強いことから産業機器を中心にさまざまな用途で使用されます。

▶▶ 同期モータの仕組み

同期モータは通常、**三相交流**で動作します。動作原理はブラシレスDCモータと同じで、3つの固定子に位相が120°異なる電流を流すことで回転磁界を生みだし、回転子が回転磁界に同期して回転します。

同期モータの回転速度は、電源周波数の2倍を極数で割ることによって計算できます。たとえば電源周波数が50Hzで極数が2とすると、1秒間に50回転となります。ただし始動時に回転磁界の速度が速すぎると回転子が追従できず、始動できません。そこで始動にあたっては**自己始動法**や**始動電動機法**などの方法が用いられます。自己始動法では回転子に制動巻線を施し、誘導モータとして動作させてから始動します。始動電動機法では機械的に結合した別のモータで同期速度まで加速させて、そこから同期モータを始動させます。

また同期モータはインバータと組み合わせることで回転数をコントロールすることも可能です。ACモータに使用するインバータは交流電源を整流回路で直流化して、半導体スイッチの制御によって任意の周波数の交流電源を作りだします。このようなインバータは、同期モータと誘導モータの両方に使用できます。

▶▶ 同期モータの種類

同期モータは回転子の構造の違いをもとに**永久磁石式（PM）**、**巻線界磁式**、**リラクタンス式**、**ヒステリシス式**などのタイプが存在します。このうち永久磁石式には**表面磁石形（SPM）**と**埋込磁石形（IPM）**があります。SPMは高精度なサーボモータに適しています。一方でIPMは機械的な安全性が高いため、インバータと組み合わせるような高速回転の用途に向いています。

同期モータの回転原理

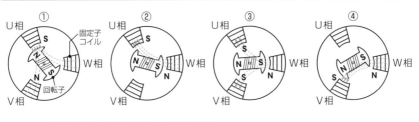

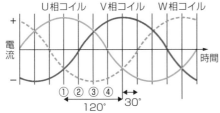

回転子が30°ずつ
反時計回りに回転している

同期モータの始動電動機法

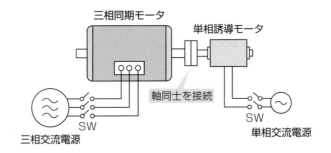

インバータ制御のブロック図

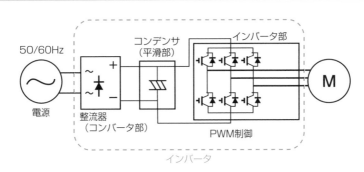

10-6

誘導モータとは

誘導モータもACモータの一種で、産業機器や家庭用の扇風機、冷蔵庫など幅広い用途で使用されています。

▶▶ 誘導モータの仕組み

誘導モータはコイルの電磁誘導を利用したモータです。誘導は英語でInductionと訳されることから、**インダクションモータ**や**非同期モータ**とも呼ばれます。非同期と呼ばれる理由は、誘導モータが三相交流の回転磁界よりも遅い速度で回転する、つまり回転磁界に同期していないためです。

固定子に回転磁界が発生すると電磁誘導によってコイル（回転子）に誘導電流が流れます。この誘導電流は磁界からローレンツ力を受けるため、回転子が回転し始めます。なお回転子の回転速度は回転磁界よりもかならず遅くなります。この速度差をすべりといい、誘導モータはすべりがないと電磁誘導が発生しないため動作しません。また実際の誘導モータでは位相が120°異なる三相交流で回転磁界を発生させて、複数の固定子と回転子を組み合わせることでモータを回転させています。

▶▶ 誘導モータの種類

誘導モータは回転子の構造によって**かご形**と**巻線形**に分類されます。かご形は導体棒がエンドリングによって短絡された構造をしており、導体棒に生じた誘導電流がエンドリングを介して流れます。実際のかご形の誘導モータは漏れ磁束の影響を低減するために、回転子のスロットを斜めに刻んで固定子の磁束が回転子に作用しやすくなっています。かご形の誘導モータは構造が単純で、機械的な摩耗も少ないためメンテナンスフリーで長期間使用できます。また価格も比較的安価なので多くの産業機器で使用されています。

巻線形は回転子の導体に巻線を使用したものです。スリップリングを回転軸に取りつけ、始動抵抗器により誘導電流を制限することで回転数を制御できます。ただしスリップリングとブラシが摩耗するため定期的なメンテナンスが必要になります。

誘導モータの回転原理

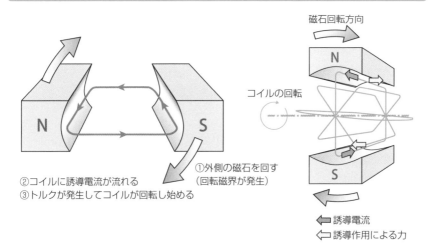

②コイルに誘導電流が流れる
③トルクが発生してコイルが回転し始める

①外側の磁石を回す
（回転磁界が発生）

磁石回転方向

N

S

コイルの回転

⇐ 誘導電流
⇐ 誘導作用による力

かご形誘導モータの構造

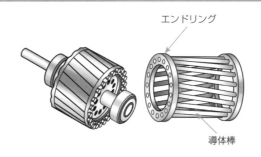

エンドリング

導体棒

巻線形誘導モータの回転数を制御する方法

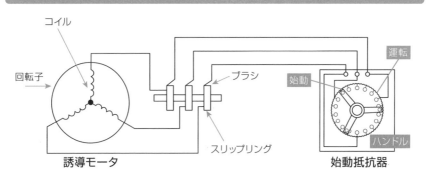

コイル

回転子

ブラシ

スリップリング

誘導モータ

運転

始動

ハンドル

始動抵抗器

回路基板の基本

電気回路を動作させるには、電子部品を実装するための回路基板が必要です。回路基板は電子部品を配置するための土台となるもので、実験用途に適したものから電子機器の製品用途に適したものなどさまざまな種類があります。第11章では代表的な回路基板の種類や特徴について解説します。

回路基板とは

回路基板は、電子部品を配置・配線ための部品です。土台として機能するため回路基盤と表記されたりしますが、正確には回路基板（Circuit Board）です。

▶▶ 回路基板とは

回路基板は絶縁体（コア材）と銅箔が積層された構造になっています。各層はプリプレグと呼ばれる接着層で接続されています。また基板表面は絶縁のためにソルダーレジストでコーティングされています。

絶縁体の材質は価格や用途に応じて種類が異なります。もっとも安価なものは紙にフェノール樹脂を含浸した紙フェノール基板で、実験用や家電製品の電源基板としてよく使用されています。もっとも使用頻度が高い絶縁体は、ガラス布にエポキシ樹脂を含浸したガラスエポキシ基板です。電気特性と機械特性がともに優れており、電子機器の9割以上はガラスエポキシ基板を使用しています。また最近は安価な基板製造サービスが登場したことで、個人でも使用する機会が増加しています。そのほかの絶縁体には高周波回路向けのテフロン基板やLTCC基板、発熱の大きい大電流回路向けのアルミ基板などがあります。

回路基板の銅箔の厚みは電流容量が大きい場合は70um（2オンス）、それ以外は35um（1オンス）を使用することが多いです。部品間を接続するための配線パターンは、エッチング加工によって成形されます。銅箔の層数に応じて回路基板の呼び方が異なり、1層は片面基板、2層は両面基板、4層以上は多層基板と呼びます。

▶▶ 回路基板の種類

回路基板の種類は絶縁体の硬さによってリジッド基板とフレキシブル基板に分類されます。リジッド基板にはさまざまな回路を組み替え可能なユニバーサル基板と、専用回路を実装するためのプリント基板があります。また簡易的な実験に用いられるブレッドボードもリジッド基板の一種です。フレキシブル基板は用途と構造はプリント基板に近いですが、形状の自由度が高いため特に小型の電子機器でよく使用されます。

回路基板の外観

4層基板の層構成

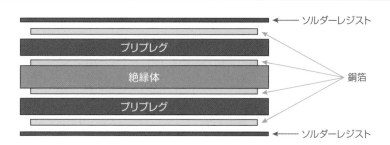

ソルダーレジスト

プリプレグ

絶縁体

銅箔

プリプレグ

ソルダーレジスト

回路基板の種類

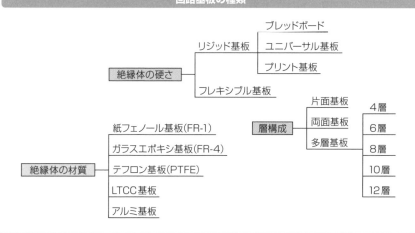

絶縁体の硬さ
- リジッド基板
  - ブレッドボード
  - ユニバーサル基板
  - プリント基板
- フレキシブル基板

絶縁体の材質
- 紙フェノール基板(FR-1)
- ガラスエポキシ基板(FR-4)
- テフロン基板(PTFE)
- LTCC基板
- アルミ基板

層構成
- 片面基板
- 両面基板
- 多層基板
  - 4層
  - 6層
  - 8層
  - 10層
  - 12層

第11章 回路基板の基本

11-2

ブレッドボードとは

ブレッドボードは、電子回路の仮組みに使用される回路基板です。電子部品を抜き差しすることで回路を組み替えられるため、実験的な用途に適しています。

▶▶ ブレッドボードの特徴

ブレッドボードは電子部品やジャンパー線を穴に差し込むだけで、手軽に電子回路を組める回路基板です。はんだづけを必要としないため、電子回路の学習や動作検証のために使用されることが多いです。

ブレッドボードはプラスチック板に電子部品のリード線を挿すための穴が並んでいます。この穴は一定のルールにもとづいて、内部が電気的に接続されています。また電子部品を保持するために、各穴は板バネでリード線を挟み込みます。ただしこの内部電極は電流容量が小さいため、1A以下の範囲で使用することが一般的です。また**寄生インダクタンス**の影響を受けるため10MHz以上の高周波信号の伝送にも適していません。

▶▶ ブレッドボードの種類と使い方

ブレッドボードは穴の間隔が2.54mm（1/10インチ）で規格化されており、サイズで種類を分類することができます。回路規模に応じて適切なサイズを選択すればいいのですが、大は小を兼ねるので大きめのブレッドボードを1つもっていると応用がききます。またサイズが大きいブレッドボードには電源端子を備えているものもあり、複雑な回路を組むことができます。

電子部品間を接続する**ジャンパー線**には22AWGの単線を使用します。ブレッドボード用のジャンパー線は被覆の色で長さが見分けられます。ジャンパー線の長さはブレッドボードの穴と穴の間隔に対応しており、電子部品の配置に応じて適切な長さのものを使用します。

電子部品の実装方法は穴に挿し込むだけですが、不要な接触を避けるために、電子部品のリード線を短く切っておくことをおすすめします。

ブレッドボードの使用例

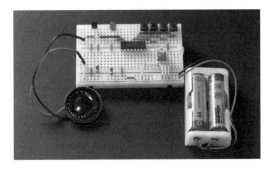

ブレッドボードの配線

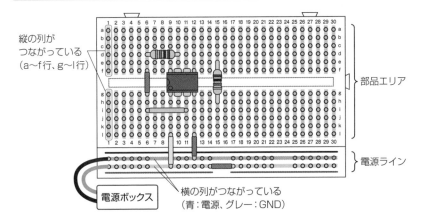

縦の列が
つながっている
（a〜f行、g〜l行）

部品エリア

電源ライン

電源ボックス

横の列がつながっている
（青：電源、グレー：GND）

サイズ違いのブレッドボード

ユニバーサル基板とは

ユニバーサル基板もブレッドボードと同じく実験的な用途で使用されますが、電子部品をはんだづけすることで配置・配線します。

▶▶ ユニバーサル基板の特徴

ユニバーサル基板は、電子部品を取りつけるための穴が縦と横に並んだ構造になっています。穴の間隔は2.54mm（1/10インチ）とブレッドボードと同じです。各穴にははんだづけするためのランドが設けられており、ランドとリード線をはんだづけして部品を配置します。電子部品の組み合わせ方によってさまざまな回路を実現できることが万能（ユニバーサル）基板と呼ばれる所以です。電子部品を1つずつ実装することからディスクリート基板とも呼ばれます。

ユニバーサル基板には、紙フェノール基板とガラスエポキシ基板の2つの種類があります。紙フェノール基板は茶色っぽい見た目で片面基板のものが多いです。一方でガラスエポキシ基板は緑の見た目で、片面基板と両面基板のどちらも存在します。紙フェノール基板と比較してガラスエポキシ基板は高価ですが、固くて丈夫なので長期間使用する用途に適しています。

▶▶ ユニバーサル基板の使い方

ユニバーサル基板はすべての穴が電気的に独立しているため、ブレッドボードよりも配線の自由度が高いです。はんだづけした電子部品のリード線をそのまま配線として使用できます。ただし配線パターンが重なる場合は立体的な配線が必要となるため両面基板を使用するか、あるいはジャンパー線を使用します。

電子部品の実装方法としては、背の低い部品から順にはんだづけします。この理由は背の高い部品を先に実装すると、背の低い部品が抜けてしまって配置しづらいためです。はんだの乗りが悪い場合は、フラックスを使って酸化膜を取り除くとはんだづけしやすくなります。またはんだの形については富士山形になるのが理想的です。

ユニバーサル基板

紙フェノール基板

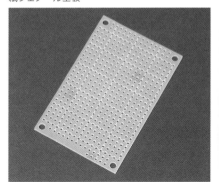

ガラスエポキシ基板

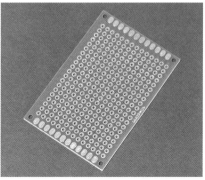

ユニバーサル基板へのはんだづけ

部品面

裏面

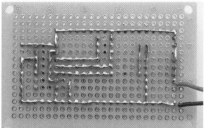

写真提供：いなぎ電子キット（https://inagidenshi.shop-pro.jp/）

はんだの形の良い例と悪い例

良いはんだ

悪いはんだ

富士山形

イモはんだ　　　　ブリッジ

テンプラはんだ

第11章

回路基板の基本

11-4

プリント基板とは

プリント基板は、あらかじめ配線パターンが作り込まれた回路基板です。PCB（Printed Circuit Board）やPWB（Printed Wiring Board）とも呼ばれます。

▶▶ プリント基板の特徴

プリント基板の基本的な構造はブレッドボードと同じで、絶縁体と銅箔を積層した構造になっています。プリント基板は同じ回路を大量に生産できるため、ほぼすべての電子機器で使用されています。

プリント基板の定尺は1020mm×1020mm、または1220mm×1020mmです。基板メーカーではこの定尺を分割した**ワークサイズ**を基準に製造を行います。たとえば定尺1020mm×1020mmのプリント基板を4分割すると、ワークサイズは510mm×510mmとなります。1つのワークから取れる基板の数を**取り数**と呼び、この取り数によってプリント基板の価格は大きく変わります。

プリント基板の層構成は、**片面基板**、**両面基板**、**多層基板**があります。片面基板は片面のみに銅箔が存在し、安価な電子機器で使用されていることが多いです。両面基板は表面と裏面の両方に銅箔が存在し、もっとも使用頻度の高い層構成です。多層基板は信号線の多い回路に使用され、4層、6層、8層、10層、12層などが存在します。層数に応じてコストが高くなります。

▶▶ 電子部品の実装方式

プリント基板に電子部品を実装する方法には、**リード挿入方式**と**表面実装方式**があります。リード挿入方式はリード部品の実装に適用される方式で、自動挿入機を使ってプリント基板の表面から電子部品を挿入し、フローはんだ槽を使って裏面からはんだづけします。一方で表面実装方式は、チップ部品の実装に適用される方式です。**クリームはんだ**が塗布されたプリント基板に**チップマウンター**を使って電子部品を配置します。このプリント基板を**リフロー炉**に通すことで部品がはんだづけされます。

プリント基板のサイズ

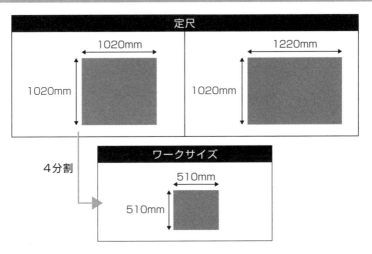

材料寸法	4分割	6分割	8分割
1020×1020	510×510	510×340	510×255
1220×1020	610×510	406×510	305×510

プリント基板の層構成

片面基板（1層）

両面基板（2層）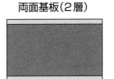

多層基板（4層以上）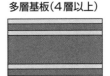

電子部品の実装方式

11-5

フレキシブル基板とは

フレキシブル基板は、薄いフィルムを絶縁体としたプリント基板です。FPC（Flexible Printed Circuit）やフレキ基板とも呼ばれます。

▶▶ フレキシブル基板の特徴

フレキシブル基板の絶縁体はプラスチックフィルムによって構成されています。薄くてやわらかく、曲げた状態で使用できることが特徴です。電子部品を実装して回路基板として使用することもできますが、プリント基板間を接続するケーブルとして使用されることが多いです。

フレキシブル基板の基本的な構造はプリント基板と同じで、絶縁体となるベースフィルムに銅箔が貼りつけられた構造になっています。絶縁体には**ポリイミドフィルム**が使用されており、基板表面は絶縁のために**カバーレイ**と呼ばれるフィルムがラミネートされています。銅箔を多層化することも可能で、高密度配線が必要なスマートフォンなどでは多層のフレキシブル基板が使用されています。

フレキシブル基板は薄型、軽量など多くのメリットがありますが、一方で価格が高いというデメリットがあります。同じサイズのリジッド基板と比較すると数倍程度高価です。またリフロー炉を使って電子部品を実装することもできますが、コストがさらに高くなるため局所的にしか使用されていません。

▶▶ フレックスリジッド基板とは

フレキシブル基板とリジッド基板を組み合わせた**フレックスリジッド基板**があります。電子部品の実装をリジッド基板、配線をフレキシブル基板とすることでコネクタレスによる基板間の接続が可能になります。立体配線も可能であるため、デジタルカメラなどの複雑な機構の電子機器で使用されています。なおフレキシブル基板とリジッド基板の接合部は、**スルーホール**によって接続されています。

フレキシブル基板

フレキシブル基板の構造

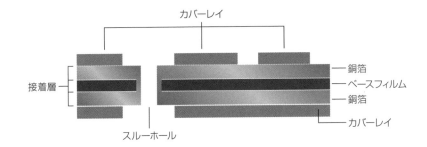

フレックスリジッド基板の構造

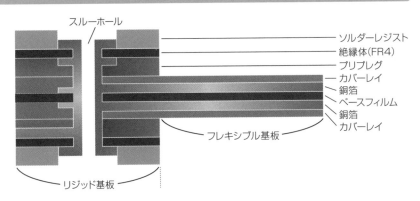

第12章

そのほかの
電子部品の基本

これまで解説してきた電子部品以外にも、電子機器を動作させるためには機構部品、安全部品、ノイズ対策部品などが必要になります。これらの電子部品は機器の構造や回路構成などアプリケーション固有の要件によるものもあれば、電気用品安全法や電波法などの法令を遵守するために必要となるものもあります。

12-1

コネクタの基本

コネクタは電気的な接続を確保する目的で使用される電子部品で、規格や用途に応じて種類が分かれています。

▶▶ コネクタとは

コネクタは着脱可能な電気接点として、ほぼすべての電子機器に搭載されています。プリント基板とケーブル間の接続に使用されることがほとんどで、電気信号の本数、電流容量、耐電圧などの電気特性が規定されています。また挿抜回数を向上させるためにメッキ厚を厚くしたものや、脱落を防止するためのロック機構を備えたものなど、コネクタの種類や形状はさまざまです。さらに規格化されたコネクタも存在します。たとえば、LAN、USB、HDMIなどの通信用コネクタは形状、ピン配置、電気特性などが規定されています。

コネクタは**コンタクト**と**ハウジング**によって構成されています。コンタクトには極性があり、プラグ形状のものを**オス (male)**、ソケット形状のものを**メス (female)** と呼びます。また形状の種類には、ケーブルの末端に取りつける**プラグ**、電子機器に取りつける**レセプタクル**、ケーブルを延長するための**アダプタ**があります。これらの極性と形状はさまざまな組み合わせが存在します。

▶▶ コネクタの種類

コネクタは同じ種類のプラグとレセプタクルしか嵌合しないため注意が必要です。ここでは**同軸コネクタ**を例にしてみます。電子機器内部では、**BNC**、**SMA**、**U.FL**がよく使用されます。これらの同軸コネクタは伝送可能な上限周波数によって使い分けされます。それ以外にもBNCはロック機構を備えているため信頼性が高い、SMAは価格が安い、U.FLは低背など、それぞれが異なる特徴をもちます。そのため用途に応じて適切な種類のコネクタを選択することが大切になります。

コネクタの構成と用途

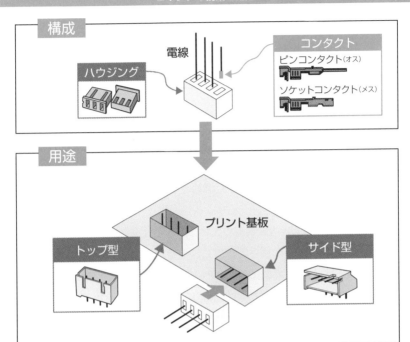

丸形コネクタの形状と極性

レセプタクル

メス　オス

プラグ

メス　オス

同軸コネクタの種類

BNC コネクタ

U.FL コネクタ

SMA コネクタ

ケーブルの基本

ケーブルは電子機器に電気エネルギーを供給したり、電気信号を伝送するための電子部品です。

▶▶ 電線とケーブルの違い

電線とケーブルは同じ用途で使用されますが、構成に違いがあります。電線は導体が絶縁体の被覆に覆われたものです。一方でケーブルは複数の電線を絶縁体でまとめたものです。つまり複数の電線をたばねて構成したものをケーブルと呼ぶということです。

電線に流せる電流の大きさは電線の太さによって規定されます。ただし長さに応じて抵抗値が上昇するため、長さの影響も無視できません。電線の太さは日本ではJIS規格で定められた**断面積sq（スクエアーミリメートル、スケア）**で表されることが一般的です。一方でアメリカではUL規格によって定められた**AWG（アメリカンワイヤゲージ、ゲージ）**で表されます。AWGでは導体の直径によって分類されており、数字が大きいほど細くなります。sqとAWGの関係性は換算表を参考にしてください。

▶▶ ケーブルの種類

ケーブルは**電力用**と**通信用**の2つに分類されます。電力用はおもに商用電源などの高電圧、大電流を流すためのもので、**CVケーブル**が広く使用されています。CVケーブルは耐候性が高いため、屋外でも使用可能です。

通信用ケーブルは、電気信号の伝送に使用されるケーブルです。電気信号の種類によってさまざまな形状のものがあり、電子機器内部の狭小部にはフレキシブル基板が使用されることもあります。**LANケーブル**は外部通信でもっとも使用頻度が高いケーブルです。シールドの有無によって**UTPケーブル（シールドなし）**と**STPケーブル（シールドあり）**があり、周辺のノイズ環境や通信速度に応じて使い分けます。

電線とケーブルの違い

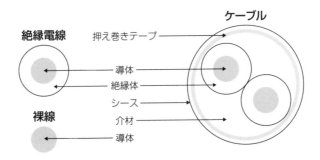

絶縁電線

裸線

ケーブル

押え巻きテープ

導体

絶縁体

シース

介材

導体

sqとAWGの換算表

AWG	sq	直径（mm）		最大電流（A）
AWG32	0.03 sq	0.202		0.53
AWG30	0.05 sq	0.255		0.86
AWG28	0.08 sq	0.321	細	1.4
AWG26	0.12 sq	0.405		2.2
AWG24	0.2 sq	0.511		3.5
AWG22	0.3 sq	0.644		7
AWG20	0.5 sq	0.812		11
AWG18	0.75 sq	1.024	太	16
AWG16	1.25 sq	1.291		22
AWG12	3.5 sq	2.53		41

LANケーブルの種類

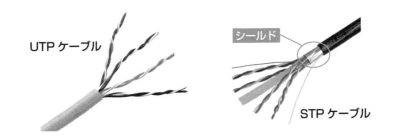

UTP ケーブル

シールド

STP ケーブル

12-3

ヒューズの基本

ヒューズは、短絡により発生する過電流から回路を保護する目的で使用される電子部品です。

▶▶ ヒューズとは

電子機器は過電流による漏電や火災などの2次災害を防止するために、ヒューズを組み込む必要があります。**ヒューズ**に過電流が流れると、温度上昇によって内部エレメントが溶断するため、過電流を遮断することができます。

ヒューズは電子機器が寿命を迎えるまで作動しないことが望ましく、基本的に長期使用される可能性が高い電子部品です。そのため信頼性が高い安全規格適合品を使用しなければなりません。日本では、電気用品安全法の技術基準に適合したものを使用します。

ヒューズは、**エレメント**の構造によって過電流への許容量や応答特性が異なります。エレメントを細くすると抵抗値が高くなり、応答性も高くなります。ただしあまりに応答性が高いものを使用すると、突入電流や外部ノイズによって溶断する可能性があります。そのため電子機器の仕様とヒューズの応答性のバランスが重要で、異常時には確実に切れ、正常時には絶対に切れないものを選択しなければなりません。

▶▶ ポリスイッチ（リセッタブルヒューズ）とは

ヒューズには溶断後、再度そのまま使用できる**リセッタブルヒューズ**が存在します。リセッタブルヒューズは**PTCサーミスタ**を使用した回路保護素子で、過電流が流れると自己発熱して抵抗値が上昇し、それによって電流が流れなくなります。この抵抗値が高くなった状態を**トリップ状態**といい、電源を切らないかぎり微小な保持電流が流れ続けて高抵抗の状態が維持されます。そして一度電源が切れるとPTCサーミスタが冷却されて抵抗値が低くなり、ふたたびヒューズとして使用できるようになります。

ヒューズの外観

ヒューズリンク
クリップ
ヒューズホルダ
ヒューズベース

ヒューズの仕組み

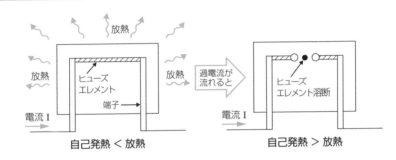

放熱
放熱
ヒューズ
エレメント
端子
放熱
電流 I

自己発熱 ＜ 放熱

過電流が
流れると

ヒューズ
エレメント溶断
電流 I

自己発熱 ＞ 放熱

リセッタブルヒューズの仕組み

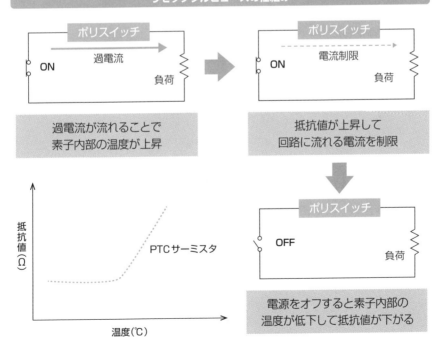

ポリスイッチ
ON
過電流
負荷

過電流が流れることで
素子内部の温度が上昇

ポリスイッチ
ON
電流制限
負荷

抵抗値が上昇して
回路に流れる電流を制限

ポリスイッチ
OFF
負荷

電源をオフすると素子内部の
温度が低下して抵抗値が下がる

抵抗値（Ω）
PTCサーミスタ
温度（℃）

12-4

バリスタ・アレスタの基本

バリスタは、雷サージなどの過電圧から電子機器を保護するための電子部品です。サージ電圧に応じてアレスタが併用されることもあります。

▶▶ バリスタとは

バリスタは Variable Resistor（バリアブル レジスタ）の略で、電圧によって抵抗値が変化する半導体部品です。電圧が低いときは抵抗値が高いためほとんど電流が流れませんが、**バリスタ電圧**と呼ばれるしきい値を超えると急激に抵抗値が低下して電流が流れ始めます。

回路に高電圧のサージノイズが印加されると、バリスタは抵抗値が非常に低くなるため、サージノイズに対して**バイパス経路**を与えるように作用します。つまりバリスタ電圧以上のノイズをカットして、回路にかかる電圧を低減できるということです。

ただしバリスタは電流容量がそれほど大きくないため、サージ電圧が高すぎたり、サージの持続時間が長すぎたりするとバリスタ自身が故障に至るため、バリスタ電圧や電流容量が適切なものを選択することが重要です。また信号ラインにバリスタを使用する場合は、バリスタの寄生静電容量による影響にも注意が必要です。

▶▶ アレスタとは

アレスタはいわゆる避雷器です。電極間にギャップを設けて、サージ電圧を放電させることで雷サージのエネルギーを吸収します。アレスタはバリスタと比較して電流容量が大きいため、高いサージ電圧にも対応できます。

一方でアレスタでは、電流が一度流れ始めるとその電流を流し続けようとする**続流現象**が発生します。続流が発生すると漏電状態に陥ってしまうためアレスタは単体で使用することは難しく、バリスタと組み合わせて使用することが一般的です。

バリスタとアレスタの違い

	バリスタ	アレスタ
外観	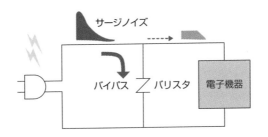	
原理	可変抵抗	放電
用途	汎用	高電圧用
電流容量	小さい	大きい
続流	－	発生
静電容量	大きい	小さい
漏れ電流	大きい	小さい

バリスタの仕組み

サージノイズ

バイパス　バリスタ　電子機器

バリスタとアレスタの組み合わせ

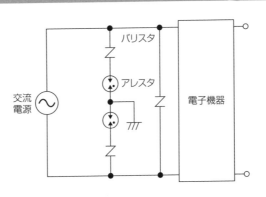

バリスタ

アレスタ

交流電源　電子機器

12-5

フェライトコアの基本

フェライトコアは、ケーブルに重畳する高周波ノイズを吸収する電子部品です。ノイズ対策の場面でよく使用されています。

▶▶ フェライトコアとは

フェライトコアはノイズ電流によって発生した磁界を取り込み、その磁界を熱に変換することでノイズを抑制します。ノイズには**周波数特性**がありますが、フェライトコアはコア材の種類によって周波数特性を選択できます。一般的に低周波ノイズ（〜1MHz）に対しては高い透磁率をもつ**マンガン系フェライトコア**が有効です。一方で高い周波数（1MHz〜）に対しては透磁率の低い**ニッケル系フェライトコア**が効果的です。ちなみに市販されているフェライトコアの多くはニッケル系です。

インピーダンスが高いほどノイズ抑制効果が大きくなるため、ノイズ対策ではインピーダンスの高いフェライトコアを選ぶことが重要です。フェライトコアのインピーダンスはターン数の2乗に比例します。つまりフェライトコアを直列に複数個接続するよりも、ターン数を増やすほうが効果的ということです。なおターン数はフェライトコアの内側を通っている電線の本数で規定します。またフェライトコアのサイズもインピーダンスに影響を与え、内径が小さくて、外径が大きく、さらに長さが長いものほどノイズ抑制効果が高くなります。

▶▶ コモンモードチョークコイルとの関係性

ノイズ対策用のコイルには**コモンモードチョークコイル**もあります。このコモンモードチョークコイルはフェライトコアに巻線したもので、コモンモードに対してのみ高いインピーダンスをもちます。その理由はコア内部でノーマルモードの磁束は打ち消し合うのに対して、コモンモードの磁束は互いに強め合うためです。

フェライトコアの原理

ノイズ電流による磁束を
フェライトコアが
取り込んで熱に変換する

ノイズ電流

フェライトコアのターン数

1ターン　　　　　　　2ターン　　　　　　　3ターン

フェライトコアのサイズとインピーダンスの関係

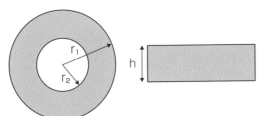

r_1
r_2
h

Z ：インピーダンス
f ：周波数
μ_0：真空の透磁率
μ ：フェライトコアの比透磁率
N ：コイルのターン数
A_e：断面積
L_e：磁路長

インピーダンス

$$Z = 2\pi f \times \frac{\mu_0\, \mu\, A_e\, \mu\, N^2}{L_e}$$

12-6

ノイズフィルタの基本

ノイズフィルタは、電源用のフィルタ回路が1つの筐体内にパッケージングされた電子部品です。EMIフィルタとも呼ばれます。

▶▶ ノイズフィルタとは

ノイズフィルタは、コイルとコンデンサを組み合わせた**ローパスフィルタ**です。電源ラインでは商用電源 (50Hz/60Hz) が信号で、それ以上の周波数をノイズとして取り扱います。つまり商用電源の電流は流しますが、それ以上の周波数の電流は流さないということです。

ノイズフィルタの特徴の1つにノイズの伝導モードによって**減衰量**が異なることが挙げられます。この理由は、モードによって回路構成が異なるためです。右図の回路ではノーマルモードフィルタとして機能するのは**Xコンデンサ**のみです。一方でコモンモードチョークコイルとYコンデンサは、コモンモードフィルタとして機能します。部品数が減衰量に直結するわけではありませんが、回路構成の違いによって減衰量や周波数特性に違いが生まれます。

▶▶ 使いこなしのポイント

ノイズフィルタを効果的に使用するためには抑えておくべきポイントがあります。

1つめがグランドへの**接地**を確実に行うことです。ノイズ対策の基本としてグランドは太く、短くといわれます。ノイズフィルタの接地でもっともよい方法は、ノイズフィルタの底面を電子機器の筐体に接触させることです。

2つめが**2段フィルタ**を使用することです。ノイズフィルタの段数はコモンモードチョークコイルの数を意味します。基本的に段数が大きいほど減衰量が大きくなります。2段フィルタを設置するスペースが確保できない場合は、ノイズフィルタを2台直列接続する方法も有効です。

3つめはノイズフィルタの向きです。ノイズフィルタは入出力のインピーダンス

の影響を受けるため、向きを変えることで減衰量が変化します。ノイズレベルが下がることもあれば上がることもありますが、試してみる価値はあります。

ノイズフィルタの外観

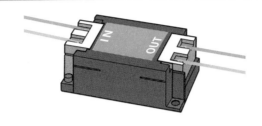

ノイズフィルタの回路図

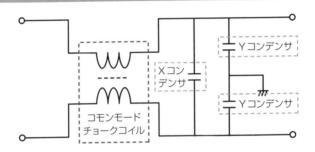

ノイズフィルタの減衰量

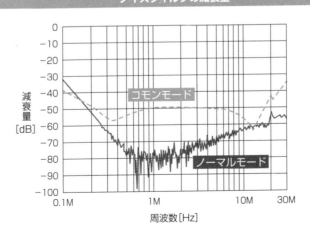

索 引

I N D E X

索
引

229

<h2 style="text-align:center">＜図出典＆参考サイト＞</h2>

第0章 ：雑誌『トランジスタ技術』、資料「Arduino Uno R4の回路図」、「やさしい電気回路」Web、
「島津製作所」Web、「サイエンスポータル」Web

第2章 ：「村田製作所」Web、「TDK」Web

第4章 ：「産総研」Web、「新電元工業」Web、「Electrical Information」Web、「マイクラフト」Web、
「GENTOS」Web

第5章 ：資料「JEITA 小信号ダイオード、小信号トランジスタ及び個別半導体デバイスの形名」、資
料「東芝 データシート」、「東芝」Web、「Semi journal」Web、「チップワンストップ」Web

第6章 ：資料「ASP」、「日経XTECH」Web、「fabcross」Web、「sozorablog」Web、「Explore
Embedded」Web、「M5Stack Shop」Web

第7章 ：資料「堀場エステック 小型静電容量式圧力センサ」、資料「理研計器 定電位電解式センサ：
ES」、「アールエスコンポーネンツ」Web、「芝浦電子」Web、「日本セラミック」Web、「電気
屋ときどき何でも屋」Web、「CQ出版 CQ connect」Web、「Analogista」Web、「TDK」
Web、「Arduinoの動かせ方入門」Web、「マクニカ」Web、「Rockon」Web、「キーエンス」
Web、「共和電業」Web、「スポーツセンシング」Web、「パナソニック」Web、「アルプスアル
パイン」Web、「旭化成」Web、「押野電気製作所」Web、「村田製作所」Web、「旭化成」Web

第8章 ：「ラピステクノロジー マイコン豆知識」Web、「SPECTRUMの館」Web、「マクニカ」Web

第9章 ：「マルツ」Web、「モノタロウ」Web、「オムロン」Web、「秋月電子」Web、「電子回路の基礎」
Web、「手っ取り早く教えて」Web、「VOLTECHNO」Web、「エンプロウェル」Web、「EDN
Japan」Web、「Analogista」Web、「しなぷすのハード製作記」Web

第10章 ：資料「広島産技研 モデルベース開発によるブラシレスDCモータのシミュレーション」、「ア
イアール技術者教育研究所」Web、「オリエンタルモータ」Web、「設備プロ王国.COM」
Web、「マブチモータ」Web、「ルネサス」Web、「東芝」Web、モータの原理と仕組みの基礎
知識、「mps」Web、「マイコム」Web、「ソフテック」Web、「Tech Web」Web、「ネオマグ」
Web、「オムロン」Web、「ニデック」Web、「電験Tips」Web、「公益社団法人 日本電気技術
者協会」Web

第11章 ：「伸光製作所」Web、「サンハヤト」Web、「エレログ」Web、「小山工業高等専門学校 教育研究
技術支援部」Web、「プリント基板実装」Web、「利昌工業」Web、「八光電子工業」Web、「P
板.com」Web、「エイト工業」Web

第12章 ：「Electrical Information」Web、「オーミック電子」Web、「ヒロセ」Web、「電材ネット」
Web、「ジェイダブルシステム」Web、「イーサプライ」Web、「EDN Japan」Web、「TDK」
Web

<h2 style="text-align:center">＜参考書籍＞</h2>

・『回路シミュレータでストンとわかる！ 最新アナログ電子回路のキホンのキホン』 木村誠聡
秀和システム 2013年
・『基本電子部品大事典（トラ技ジュニア教科書）』 宮崎仁 CQ出版社 2017年
・『トコトンやさしい電子部品の本』 谷腰欣司 日刊工業新聞社 2011年
・『きちんと知りたい！ モータの原理としくみの基礎知識』 白石拓 日刊工業新聞社 2021年

著者紹介

エンジャー

YouTuber、ライター。

電子回路・電子部品・EMCなどを解説するYouTube
チャンネル「エンジャー/Engeer」（登録者数 2.5万
人以上）を運営。平易な図による実践的な解説がわか
りやすいと多くの支持を得る。『トランジスタ技術』
などの専門誌に記事を寄稿。ノイズ対策エンジニア
としてのノウハウを記したブログ「EMC村の民」（月
間10万PV）も運営している。

図解入門よくわかる最新
電子部品の基本と仕組み

発行日	2024年 3月 1日	第1版第1刷
	2024年 8月30日	第1版第2刷

著 者　エンジャー

発行者　斉藤　和邦
発行所　株式会社　秀和システム
　　　　〒135-0016
　　　　東京都江東区東陽2-4-2　新宮ビル2F
　　　　Tel 03-6264-3105（販売）Fax 03-6264-3094
印刷所　三松堂印刷株式会社　　　　Printed in Japan

ISBN978-4-7980-7064-3 C0055